如何有效管理每一分钱

用会计思维增值你的财富

[日] 小山龙介　山田真哉　著
RYUSUKE KOYAMA　SHINYA YAMADA

阿修菌　译

江西人民出版社
后浪

前　言

理智与情感的平衡表

　　小山：次贷危机、雷曼兄弟破产，全球开始进入经济低迷的状况，这意味着我们更加需要具备会计思维方式了。

　　山田：我觉得在这个时代，本质的东西更容易受到考验。仅靠流行的知识和一些肤浅的技巧，已经不能应付这种情况了。这时就更需要人类长年积累的宝贵思维方式，其中之一就是会计的思维方式。

　　小山：如果掌握了这种直击本质的技巧，学会用会计思维武装自己，那么即使面对现在这些复杂的问题，也能够游刃有余，洞悉未来。

　　山田：经常会有人提起理智与情感。大部分人都是依靠情感而活，所以他们才会买一些不适合的东西，反而丢掉了最重要的东西。

　　小山：如果仅凭借情感，是不可能做出正确判断的。为了取得平衡，我们还需要有理智的思维方式。

　　山田：可惜的是 99% 的人都不具备这种理性思考的能力。理智与情感，我们只有掌握了这两种思维方式，才能看到生活的两个方面。这么一来，也就可以加倍享受人生了。

小山：从生活黑客的角度来看，仅有情感，会让人缺乏安全感。但如果拥有了理性思考的能力，不安的感觉也会随之消除，就能实现"零压力"。而且还能洞悉未来的走向，生活也会变得轻松。

山田：正如正文中所介绍的那样，会计注重的就是匹配、平衡。基于这一思路，才有了将资产和负债、净资产匹配起来的资产负债表。我们也应该给自己的生活，加上一个能将理智与情感匹配的平衡表。

小山：不被情感所左右，但又不只有理智，这样的人肯定很有魅力吧。

黑客家庭理财簿，抓取静止世界的断面

小山：这次就是为了掌握这种会计思维，从而提出了黑客家庭理财簿。它能让你在实际操作中掌握会计思维，其效果是非常好的。

山田：每本书都在提倡"要实践"，但没有好处，谁会乖乖地去实践呢。要看到好处才行啊。这本书里，好处就明摆在那里。能存下钱哦。（笑）整本书的结构就是诱使你去实践，这可能是最厉害的了。

小山：不过话说回来，以往都没有这样的家庭理财簿，这是为什么呢？

山田：以往都重视"动态论"，关注点都在"花了多少钱"上。而实际上最重要的是描述静止状态下是怎样的情况，也就是"静态论"。会计界也开始从动态论转向静态论，而我们将这种思潮融入了家庭账本之中，也就有了这次的黑客家庭理财簿。从这个意义来讲，这本书算是体现了会计界的最新潮流。

小山：这种潮流也有语言难以表述的地方，我们正好用黑客家庭理财簿这一工具方便理解和实践。

山田：我们可以借助黑客家庭理财簿，抓取世界的断面。让世界变成静止状态，然后截取断面。可以跟摄影师做一样的事情。哪月哪日的什么时候，我手头有多少钱，都能看得一清二楚。

小山：这一点，无论公司还是业务，或是每个项目，都是相同的道理。

山田：如果是视频的话，影像总在不断变换，总会有看不清楚的地方。而照片，该显现的都显现出来了，你就能看清楚本质了。

小山：最开始说过会计思维能让我们看清事情的本质，其实也是从这里来的。

山田：例如儿童津贴的政策，如果用动态论的观点来看，那就变成讨论"津贴是否真正用于孩子身上"了，这种讨论就没有意义了。但是如果用静态论的观点来看，儿童津贴就可以看作有孩子的家庭的一种资产。我们可以看看推行这一政策前后，家庭资产发生了怎样的变化，通过这一手段，就能看清楚儿童津贴政策是否有效果。

小山：当一切变得静止之后，我们的视野也可以变得更加开阔。可以看到对整个社会造成的影响，对经济的影响，对产业结构的影响，等等。

山田：俯视全局，就能让我们看清事物的本质。

用会计思维看幕府末期

小山：会计思维不仅能拓宽我们的眼界，还能改变我们对时间的看法。

山田：现在《龙马传》之类描写幕末到明治时代的电视剧很热门。如果我们用会计视角来看幕府末期到现在的这段时间，会发现资产有飞跃性的增长。人口数量也从当时的 3000 万人增长到现在的 1 亿 2000

万人。可以将这段时间看作国家资产飞速增值的时代。

小山：电视剧里，坂本龙马目睹了黑船的强大，被美国的实力所震撼，深感日美两国国力的差距之大，但如今的日本就是从那时候一点一滴积累起来的。人们会为了产业一时的好坏而时喜时忧，但如果放眼长期发展的话，我们能发现，一路走来日本已完成了巨大的飞跃。

山田：借助会计思维，我们便可以从整体来把握日本的经济规模。人们常说泡沫经济崩溃后的日本是"失去的十年"，但日本经济到底倒退了多少，失去了多少，我想如果从整体经济规模的维度来看，或许又能看到些不同的东西。

小山：可以说掌握了会计思维，就能让人拥有把握大局的能力。

山田：这种大局观，有人可以从心里去感知它，也有人能够从典型的事件中把握住它。不过最简单的捷径，还是看数据说话。对于某个信息，不能肤浅而急躁地下结论，应该将一切事物换算成货币价值，再据此来整理思路。这就是我们说的会计思维。

会计的魅力

小山：现在是一个信息爆炸的时代，面对信息的洪流，大家都觉得能够做出本能的反应是最好的，觉得最好是不用思考就能靠条件反射来完成工作，觉得这是一种很有效率的工作方式。

山田：比如说秒回邮件之类的。（笑）

小山：这本来也是无可厚非的，但是如果没有大局观，那就只是单纯的草率。这样的人是干不了大事的。而掌握了会计思维，就等于掌握了一种大局观。我希望二三十岁的年轻人能趁年轻掌握这种大局观。

山田： 我也希望那些对会计很有信心的人也来读一读这本书，也就是那些以会计为职业的人，和认为自己擅长会计的人。会计已经升华成为了一种哲学思想或方法论，可以运用到各个方面。

小山： 这本书中也将技能比作资产，从会计视角来看待自我投资。

山田： 我想要传递的信息是会计能够应用在各个方面，我觉得传递这个信息本身就很有意义。我想告诉大家会计是涉及范围最广的东西，会计也是无限的。会计是一种美学。（笑）

小山： （笑）

山田： 会计最有魅力的地方在于它是一种可以同时显示原因和结果的技术，这是很让人感动的。我觉得自己就是被这一亮点所吸引，才一直在会计师这条路上越走越远。

小山： 说到原因和结果，我想起了被称为心灵导师的詹姆士·埃伦写的《原因与结果法则》。书里说到想要成长为人，就必须正确认识原因与结果的关系，其实这也是会计思维的出发点。或许正因为有这种放之四海皆准的出发点，会计思维才能应用到各个领域吧。

会计是世界上最强大的语言

山田： 会计思维现在已然成为全世界共通的思考方式了。走遍全球，你会发现没有一个国家没有会计。会计是全世界共通的语言，作为一种思维方式，也可以说会计是一个世界性的宗教。

小山： 有了会计，我们就可以实现跨国、跨文化交流。

山田： 只要掌握会计分录，就能跟其他国家的会计对话。会计是一种可以与手势之类的肢体语言相媲美的，非常有力量的语言。

小山： 我觉得我们可以说如果你想要参与到全球规模的商业竞赛

当中，那么会计就是你必须了解的规则。

山田：最近不少人开始讨论儿童金融教育的重要性，我觉得就个人而言，掌握会计知识是很必要的。

小山：投资是很重要，但如果没有会计知识的话，就很容易变成单纯的赌博。

山田：就像以往人们都是先学会打算盘，再开始学做生意，现在的人则是要先学点会计，然后再学如何投资。以前有"读书识字学算盘"的说法，所以首先该做的就是学习算盘，现在说来就是先学会计，基础是很重要的。

小山：这个对于走入社会的人来说也是一样的。先好好掌握会计知识，然后再投资，再由此慢慢发现投资的本质。

理解会计技术，掌握会计哲学

山田：会计是类似算盘一样的技能，所以即使是小学生，只要好好学，也能理解会计的原理。但是，一旦理解了这种技术，它就会变成一种哲学思想。

小山：棒球的击球也是一种技术，但如果你能像铃木一郎那样做到极致的话，它就会升华成一种哲学思想。这一点和手艺人是一样的。

山田：如果你能够理解会计的技术，你就能够掌握会计思维，甚至是会计哲学。这本书就给大家指出了一条通往会计哲学的道路，也是我的得意之作。这还是我第一次将各种技巧落实到具体流程当中，让书中讲的知识都变得极具实践性。

小山：黑客技巧本来就倾向于实践。不管怎么说，它无一不是"现在马上就可以实践"的东西。（笑）但是它的内容却是非常博大精深的，理解技术之后，就能上升成为一种哲学思想。它很实用，所以入门很简单，但最后却能升华为一种哲学思想。应该说这恰恰是这本书的本质所在。

山田：希望大家能够快乐地实践书中技巧，同时用心去感受会计这门学问的博大精深。

目 录
Contents

前　言 …………………………………………………………… 1

第一章　家庭账本管理技巧

理财技巧 01
算不好柴米油盐，就学不好会计 ……………………………… 2
理财技巧 02
用余额法则记录"黑客家庭理财簿" …………………………… 7
理财技巧 03
无视零钱的"纸币法则" ……………………………………… 10
理财技巧 04
无须每天记录，只需截取"账本快照" ……………………… 13
理财技巧 05
余额管理带来的"存钱罐效果" ……………………………… 16
理财技巧 06
习惯纸币单位，练就会计头脑 ………………………………… 18
理财技巧 07
黑客家庭理财簿让你轻松存钱 ………………………………… 20
理财技巧 08
利润表与资产负债表 …………………………………………… 23

第二章　家庭资产管理技巧

理财技巧 09
不知不觉中陷入资不抵债的陷阱 ……………………………… 26

9

理财技巧 10
把握贷款余额，增强节约意识 ………………………… 29
理财技巧 11
固定资产需折旧 ………………………………………… 32
理财技巧 12
零残值法则 ……………………………………………… 35
理财技巧 13
考虑折旧再决定买房 …………………………………… 37
理财技巧 14
长期来看，还是租房更合理 …………………………… 41
理财技巧 15
购买 10 年后可以售出的公寓 ………………………… 44
理财技巧 16
电脑要一年一换 ………………………………………… 47
理财技巧 17
在不易贬值的知名地段修建住房 ……………………… 49
理财技巧 18
所有家用汽车都是负债 ………………………………… 52
理财技巧 19
压缩"看不见的负债" ………………………………… 54
理财技巧 20
将浪费时间的东西都视为负债 ………………………… 56
理财技巧 21
资产与负债（资产负债表思维） ……………………… 58

第三章　开支管理技巧

理财技巧 22
从会计学视角看企业重组的三个程序 ………………… 62
理财技巧 23
营业收入与营业费用相减得出利润 …………………… 64

理财技巧 24
节约的钱＝利润额＝储蓄额 ·················· 66
理财技巧 25
节约下来的钱才是存下的钱 ·················· 68
理财技巧 26
确立一年的节约目标 ·················· 70
理财技巧 27
预存费用型预算管理术 ·················· 72
理财技巧 28
日常生活中的陷阱："一杯拿铁的钱" ·················· 74
理财技巧 29
租便宜的房子，降低固定费用 ·················· 76
理财技巧 30
小心掉进"非日常生活中的陷阱" ·················· 78
理财技巧 31
了解豆大福问题，破解利润的秘密 ·················· 80
理财技巧 32
做事之前，先计算机会成本 ·················· 83
理财技巧 33
锁定一个兴趣爱好 ·················· 86
理财技巧 34
营业收入与费用（利润表的思维方式） ·················· 88

第四章　家庭财务记录技巧

理财技巧 35
保存购物小票，家庭财务记录瘦身法 ·················· 92
理财技巧 36
购物小票只管扔进去就好 ·················· 94
理财技巧 37
意识到现金都变为了何物 ·················· 96

理财技巧 38
复式记账法的会计思维 ·············· 98

理财技巧 39
福泽谕吉最大的错译？理解借方、贷方的方法 ······ 101

理财技巧 40
购物小票无须细分，只分"必需品"和"非必需品" ······ 104

理财技巧 41
制作"浪费清单" ·············· 106

理财技巧 42
只贴购物小票的家庭理财簿 ·············· 108

理财技巧 43
存折留下开支记录，开设储蓄用账户 ·············· 110

理财技巧 44
分类使用信用卡 ·············· 113

理财技巧 45
委托他人管理家庭账本 ·············· 115

理财技巧 46
钱要优先用在自己身上 ·············· 117

理财技巧 47
复式记账法与因果关系 ·············· 119

第五章　投资技巧

理财技巧 48
用钱赚钱，摆脱无意义的竞争 ·············· 124

理财技巧 49
不存在低风险、高回报的投资 ·············· 126

理财技巧 50
"优先还贷"的原则 ·············· 128

理财技巧 51
用投资回报率判断是否投资不动产 ·············· 130

理财技巧 52
学习巴菲特做长期投资 ·············· 132
理财技巧 53
投资不分散,资产要分散 ·············· 135
理财技巧 54
根据市场状况改变资产配置 ·············· 137
理财技巧 55
长期复利投资,让时间帮你赚钱 ·············· 140
理财技巧 56
设定目标金额与期限,制订投资计划 ·············· 143
理财技巧 57
利用复利计算网站计算大概金额 ·············· 146
理财技巧 58
依靠主营业务挣钱,留作留存收益 ·············· 147
理财技巧 59
计算自我投资的回报率 ·············· 149
理财技巧 60
将未来的回报换算为现在价值,做出合理判断 ·············· 151
理财技巧 61
自我投资,小投入大回报 ·············· 154
理财技巧 62
回报与时间 ·············· 156

第六章 企业分析技巧

理财技巧 63
决定企业运作的三大会计循环 ·············· 160
理财技巧 64
检查购货与付款循环和销售与收款循环的时间间隔 ·············· 162
理财技巧 65
活用信用期间,创造利润 ·············· 165

13

理财技巧 66
企业状态不好首先反映在销售与收款循环上 ………… 167
理财技巧 67
购货与付款循环的变化是亮黄灯 ………… 169
理财技巧 68
应收账款不断变化的企业有问题 ………… 171
理财技巧 69
不能相信流动比率 ………… 173
理财技巧 70
劳动分配率是没有任何利润的无用指标 ………… 176
理财技巧 71
想了解企业是否亮红灯，需要关注数字的变化 ………… 178
理财技巧 72
现金流不会说谎 ………… 180
理财技巧 73
投资未来，筹资与投资循环 ………… 183
理财技巧 74
时间观念与现金流 ………… 186

第七章　四季报阅读技巧

理财技巧 75
看懂四季报，不看决算报告也没关系 ………… 190
理财技巧 76
四季报中需要确认的重要项目 ………… 193
理财技巧 77
从人事和持续经营的角度看企业是否危险 ………… 196
理财技巧 78
决算短报要看文字部分 ………… 198
理财技巧 79
四季报的业绩预期高于企业自身的预期，则"买进" ……… 199

理财技巧 80
能被 NHK 报道的企业很值得信赖 ·············· 200
理财技巧 81
要懂得质疑会计知识 ·························· 202
理财技巧 82
看清数据与实际情况 ·························· 204

第八章 "超越"会计思维技巧

理财技巧 83
营业收入是企业的力量 ························ 208
理财技巧 84
定价是经营者的工作 ·························· 210
理财技巧 85
牵动人心的心理价格 ·························· 212
理财技巧 86
免费才是最强武器 ···························· 215
理财技巧 87
熟客才是生意长久的根本之道 ·················· 218
理财技巧 88
会计、市场营销其实互为表里 ·················· 220
理财技巧 89
会计、市场营销与创新 ························ 222

出版后记 ······································ 224

第一章

家庭账本管理技巧

理财技巧 01

算不好柴米油盐，就学不好会计

　　想要了解会计，与其一开始就去学习企业的资金流向，不如好好了解下自己家里的金钱流动状况，其实后者才是捷径。之所以这么说，是因为家庭财务这种日常生活中的资金流动，也是遵循会计规则的一种经济活动。

　　反过来我们也可以说，连自己家的家庭收入都算不清的人，是不可能学好会计原理的。这本书的结构是先以家庭财务为例，了解会计学意义上的资金流动是怎么回事，同时帮助大家不断加深对会计这门学科的理解。

　　这本书还有一个好处，它能让大家把会计理念融入管理家庭财务的实践当中，帮助大家形成家庭资产。

　　正如一个好的首席财务官（CFO）能带领公司走向成功，一家人的钱也要放在懂会计原理的人手中，这个家才能被打理得红红火火，蒸蒸日上。

　　说到家庭财务管理，大家首先想到的肯定是家庭账本。在一天快要结束的时候，独自一人坐在饭桌前，翻开家庭账本，把一个个数字填入账本中——我想大家脑海里浮现出的应该是这样的画面。如果发现钱粮所剩无几了，可能还会一边誊写一边发出一声微不可闻的轻叹："唉，这个月又花多了"。这简直是家庭剧中的典型场景。

从会计的角度来看，这种家庭账本其实就相当于**利润表（P/L）**。在利润表中，**营业收入**减去**营业成本**得出**毛利润**，再从这些**毛利润**中减去销售费用、管理费用等，就能得出**营业利润**，营业利润再加上投资等带来的收入，减去贷款利息等支出，就得出了**利润总额**。如果利润总额一分都没剩的话，前文提到的那一声叹息就会越发沉重了。

对一般工薪族而言，营业收入基本上就等于是工资了吧。与工资相对的营业成本支出几乎为零，因此基本上工资就可以直接等于毛利润。从工资里减去生活所需的各种费用，得出的就是营业利润。我们可以从每个月的利润表来观察家庭财务的盈利状况。这就是家庭账本的作用。

如果这个利润表是赤字，那么你的存款就会不断缩水；反之如果是黑字，那么存款就会越来越多。

一般来说，工资的金额变化不会太大，开源无望的情况下，家庭理财的重中之重便是如何节流了。记录钱到底是怎么花出去的，其目的是减少支出，这也是家庭账本的意义所在。

好！那从今天就开始记账！——这种建议有理至极，无可厚非。每买一次东西就记上一笔，房租、伙食费、置装费等，把各个项目花出去的钱都计算一下，得出个总数。然后到了月末，再把每天的总数加在一起，计算出当月的总支出。这种做法确实能够详尽地把握家庭财产的流向。

然而，这种方法只是看着都觉得费劲。很多人也是因为这种烦琐的操作而放弃了记账。记录家庭账本总是好的，这个道理谁都知道，可是就是坚持不下去。

但稍稍想想就能知道个中原因。如果你每天只买两三次东西，那么记账也不算特别麻烦。可是有时候你会去超市或便利店买东西，可能还要利用自动贩卖机，再加上交通费、网上购物等，一旦购物次数和购物场所增多，这账可就不是说记就记那么简单的了。就算是耐力和意志都相当强悍的人，也很难坚持下去。而且，越是一丝不苟的人，越容易发现某一天由于漏记了一两条而导致余额对不上的情况。对不上却又查不出个所以然，也无法填上这个空缺，这种挫败感就会让他们越发难以坚持下去。

不过也别着急，现在让生活黑客技巧①来帮你。我们之所以觉得"麻烦死了"，是因为付出的劳动和效果不成正比，也就是人们常说的性价比太低。如果能有更好的效果，那么即使有些麻烦大家还是能够坚持下去的。

想要提高家庭账本的性价比，有两种方法：

一个是大幅减少记账时间②。如果能够毫不费力地记录，那么记账也不会太辛苦，也总能坚持下去。

另一个方法则是更进一步提高效果。比如，我们放弃以节约为主导的"节流"理念，转向更加积极的、让资产不断增值的"开源"理念。基于这种"开源"理念的家庭账本，每天看着钱越来越多自然不会觉得痛苦，反而会越看越开心。

这种新理念的账本不麻烦，效果好，它就是**基于资产负债表（B/S）理念的家庭账本**。接下来马上向大家介绍。

---

① 即 Life Hack。起初指电脑黑客们使用的一些巧妙的"黑客技巧"。现被引申为能够提高个人办事效率的方法和技巧。
② 实际上还有一些为人们提供家庭账本记账服务的公司。请参考 P.115。

利润表（P/L）

（2009年4月1日~2010年3月31日*）

	（百万日元）
营业收入	2,500
营业成本	2,000
毛利润	500
销售、管理费用	400
营业利润	100
营业外收入	8
营业外支出	18
利润总额	90
特别利润	7
特别损失	5
税前净利润	92
企业税、居民税及事业税	32
净利润	60

毛利润、营业利润 }营业损益
营业外收入、营业外支出 }营业外损益
特别利润、特别损失 }特别损益

*日本财年是当年4月1日起到下一年3月31日结束

家庭财务的利润表

营业收入	工资
营业成本	几乎为零
毛利润	工资
销售、管理费用	土地费用/房租、伙食费、置装费、医疗费、兴趣爱好、交际费等
营业利润	
营业外收入	获得的利息、投资收益等
营业外支出	支付的利息、投资损失等
利润总额	
特别收入	中彩票、继承遗产
特别支出	房屋修缮费用、亲友结婚的红包、丢失财物、财物被盗
税前净利润	

一般家庭账本的项目

项　目
伙食费
衣服、鞋子
水电气费
家具、生活用品
住房
医疗卫生
交通通信
汽车相关费用
教育
兴趣、娱乐
交际
保险、税金

资产负债表（B/S）

资产	负债和所有者权益
流动资产 现金存款 应收票据 应收账款 坏账准备金 存货	**流动负债** 应付账款 短期借款 应交公司税等
非流动资产 有形资产 长期待摊费用 无形资产 投资及其他资产	**非流动负债** 长期借款 **净资产** 资本金 利润余额

理财技巧 02
用余额法则记录"黑客家庭理财簿"

本书中的这种基于资产负债表的家庭账本设计巧妙,记账时不仅不需要花费太多精力,还会让你越记越想记,越记越开心。"黑客家庭理财簿"完全就是**为生活黑客量身定做的家庭账本**。

先来谈谈花费精力的问题。以往的家庭账本,都要求我们记录下每笔开销,事无巨细都要一一写下,不得遗漏。而黑客家庭理财簿,你只要挑一天心情好的时候记录即可,而且只需记下当日的资产余额就行了。如此简单的记账方法,相信你一定可以坚持记录下去。如果要给这种方法起个名字,我想就叫它"余额法则"吧。

为了让大家有个更直观的印象,让我们来以钱包为例想象一下。以前买了东西后,我都会把花了多少钱记录下来,以此计算这一天一共花了多少钱。一旦漏记了一笔,最后算出来的金额就会对不上,为了把钱对上,着实花了我不少工夫。

但其实有一种方法,能让我们不用费力地记下每一笔开销,也能把握当天到底花了多少钱。这个公式超级简单,就连小学生也能学会,或许会让期待高深算法的你失望。

(早上钱包中的金额)-(晚上睡觉前钱包中的金额)

早上出门前，看看钱包里有多少钱，用这个钱数减去晚上睡觉前钱包里的钱数，得出的结果就是你今天花了多少钱。小学生也会的算术题，黑客家庭理财簿就适用这一简单的法则。

换句话说，摒弃以往家庭账本那种每笔账都要记录的习惯，**改用余额法则，就能算出中间这段时间你到底花了多少钱**。

当然，实际上黑客家庭理财簿也没有这么简单。除了钱包里的钱，银行存款、股票之类的资产都要计算在内。不过，我们需要记住的重点，就是这些资产全都靠余额法则来把握。股票什么的，也不用一一计算买进了多少，又卖出了多少，只要把握手中的余额（市值）即可。

这种方法看起来或许太过粗暴，不够专业，但其实企业会计中也在使用这种余额法则的理念，其中一例就是商品的库存管理。

手中的库存商品，有的可能损耗掉了，有的可能在店里被人顺手牵羊拿走了，总之减少的库存并不都是被卖掉了。所以每天的库存量

钱包中的钱，只管它剩了多少即可

这样一来，管理家庭财务就可轻松上手，运用起来也非常简单

都有些出入。如果你每天都要盘点一下，这个工作量不是每个人都吃得消的。为此，企业的做法一般是到了期末清查盘点所有库存。就像这样，**企业的商品库存也用余额法则来管理**。

虽说准确地把握数字也很重要，但为了达到准确，我们就不得不多花些精力。在会计实践中，会计师是在权衡数字的准确性和获取准确性而花费的成本的基础上操作。将这一理念运用到家庭理财之后，便有了这个只管理现金余额的余额法则。

理财技巧 03
无视零钱的"纸币法则"

黑客家庭理财簿先用余额法则把家庭理财化繁为简，再运用第二个法则化零为整，让家庭理财更为简单轻松。这就是无视零钱的"**纸币法则**"[①]。

就以往的家庭账本而言，即使只有数十日元或数百日元的小误差，一旦积少成多，最终加起来也会成为巨大的误差。所以用旧的记账方法，我们就不得不随时确认数字的准确性。这么一来，工作量也就太大了。

不过，现在我们这个黑客家庭理财簿却不一样，根据余额法则，只管余额就行了。这样即使有几百日元的误差，误差缺口也不会越拉越大。对于这种不会越变越大的误差，无视一下又有何妨？

比如说我们确认每个月支出的金额时，花了 30 万日元还是花了 30 万零 500 日元，这小小 500 日元的差别不会产生太大问题。如果是管理 1 年的收支，那么这点小小的误差也就完全可以无视了。但是如果按以往的记账方法来做，每天都产生 500 日元的误差，那么日积月累，一个月下来，就会变成 1 万 5000 日元的误差了。这个缺口就未免太大了些。所以说以往的家庭账本记账方法实在是太磨人。

[①] 日本的纸币最小面值为 1000 日元，更小面值的都是硬币，依次是 500 日元、100 日元、50 日元、10 日元、5 日元、1 日元。所以在中国，或许应该理解为不计算零钱的"整钱法则"。可以根据自己的收入情况，把这条"整钱分界线"定为 1000 元、100 元、10 元等。——译者注

立场不同，高度不同，单位也不同

立场	目的	单位
公司会计	会计业务	日元
税务师	税务	千日元
会计师	审计	百万日元
经营者	根据目的不同	从精细到1日元，到只看大概数字的都有

但现在，**我们对记账本采取余额法则后，就可以用纸币法则来对付这些零钱了。**

越是较真的人越难坚持把账记下去，因为一旦发现零钱的数字核对不上，这种人就会无法忍受。而黑客家庭理财簿从一开始就无视这些琐碎因素，所以相信谁都能够坚持下去。

顺便一提，在企业会计中，这些小金额基本上也是被无视的对象。

举个例子，在计算所得税时，最终的单位是"千日元"。小于1000日元的零头对于税务师来说，即使无视也没有关系。

如果是会计师的话，这个单位则上升到"百万日元"，上市公司的财务报表大都是以百万日元为单位的，一般小于这个单位的数字都无须显示出来。

这种金额单位的不同，其实就是视角的不同。管理存款的银行需要把单位精确到1日元；但到了税务层面，就变成只看"千日元"以上的数字即可；而会计师只管百万日元就行，剩下的都是可以无视的零头。

其实家庭理财也是一样。既然这些数字是用来帮助你在管理家庭财务做"经营判断"的，那么零头就大可无视。**无视这些零头，不仅不会带来任何问题，反而还会让你不再为细枝末节所困，帮你站在经营者的高度来做判断。**

纸币法则掀起家庭账本记账法的革命

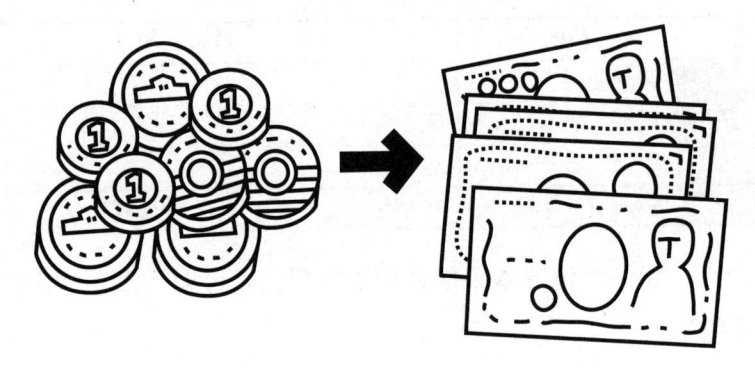

以往的家庭账本给人的感觉就是注重小钱，但黑客家庭理财簿却无须理会这些烦琐细节。

理财技巧 04
无须每天记录，只需截取"账本快照"

黑客家庭理财簿还能进一步帮我们减轻负担，那就是不用每天都记账。对，你没听错，不用每天都记账。

以往的家庭账本默认的就是每天都要记账，但是黑客家庭理财簿却反其道而行之。这就是**"随意法则"**，心情高兴了就记一记，就这么简单。

有人或许是一周才算一次账，有人可能一个月才记录一次。更有甚者，可能是三个月、半年才记上一笔。这么随意的工作，不管多讨厌麻烦事的人也都能做到吧。

之所以能这么做，其实是资产负债表和利润表这新旧两种计算理念的不同性质决定的。

利润表需要在一定时间内计算金钱的流动，为此，这段时间内的资金进出都需要记录在案，一旦少记了一笔，利润表就会出问题。

如果要打个比方，那么利润表就像是拍"视频"。想拍视频，就必须一直开着摄像机。以往的家庭记账法的麻烦之处就在于它是以利润表为基础的，所以就必须一直记录个不停，其实这也是利润表的性质决定的。

而资产负债表却不同，它是记录了某个时间点上的**"资金状况"**，可以说它相当于"快照（Snapshot）"。它要看的不是动态视频而是某个时间点的快照截图，所以只需按下快门记录下那个瞬间的状态即可。

因此，基于资产负债表理念的家庭账本，也只需要记录下某个时间点上的资金余额即可。我们只要像摄影师一样，有感觉了按下快门即可，然后就能毫不费力地、准确地做出反映当时家庭财务状况的"资产负债表"。

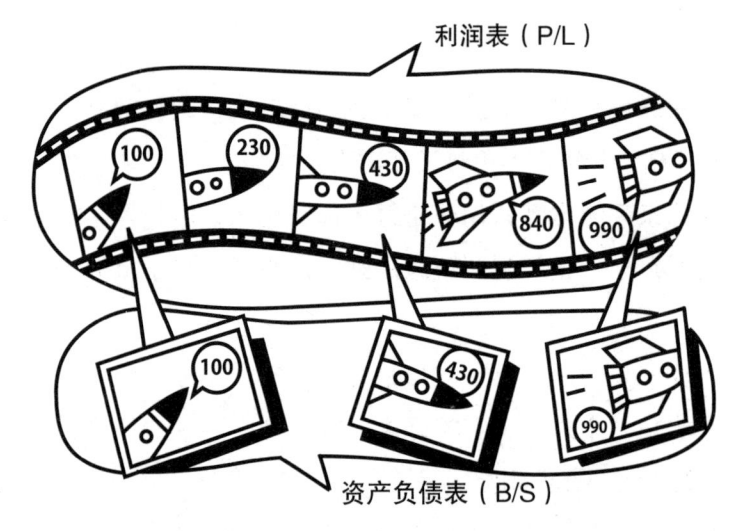

利润表必须一直记录个不停，而资产负债表只需记录想记录的那个瞬间就可以了

在企业会计中，也需要把握这两种报表的不同。经济下滑的时候，我们总能在新闻里听到某个大企业出现巨大经营赤字了云云，但那只不过是利润表上显示的结果罢了。诚然，利润表显示出亏损是件很严重的事情，但我们还是需要结合这个企业的资产负债表来看。

其实我们生活中也有类似的例子，比如某段时间体重减了些，看起来人也消瘦了些，但从资产负债表这种"快照"结果来看却发现了质的变化——完全变成了肌肉。反过来，如果体重减少的背后其实是肌肉在减少的话，那就需要警惕了。（关于企业分析这方面的话题，

我会在后面的章节详细讲解)

总之,黑客家庭理财簿是以资产负债表为基础而设计的账本,所以"随意法则"可以随便使用,完全没有问题。

"随意法则",想起来就算一算,再懒的人都能坚持得下去

> "随意法则",轻松随意,想起来的时候就记一记。即便如此也能准确把握财务变化。

(千日元)

资产		4月30日	5月15日	6月20日	7月30日	9月1日
现金	钱包	51	35	43	59	63
	柜子	100	100	100	100	100
银行存款	A银行	1021	1057	1002	1120	1152
	B银行	212	235	209	215	220
	C银行	498	475	521	505	510
		1882	1902	1875	1999	2045

理财技巧 05
余额管理带来的"存钱罐效果"

请大家回想一下小时候用存钱罐存钱的场景。我觉得一旦把钱放进了存钱罐之后,一切省吃俭用时的痛苦和纠结,都会被一种兴奋的情绪所冲淡——"我的钱越来越多了"。

钱变得越来越多,从本质来讲是件让人欣喜的事。存钱罐越来越重,放在手里掂量掂量,你会切实地感到"钱真的越来越多了",然后就会越发积极热情地投入存钱事业当中。存钱罐就是这么一种伟大的物品。

采用余额法则的黑客家庭理财簿同样有这种效果。看看账本,发现如今的余额比起上一次有增无减,会更加热情高涨——"我还要让余额数字变得更大!"查看余额,产生更大的热情和积极性。这种效果,我想起个名字叫作**"存钱罐效果"**。

存钱罐效果

以往的家庭记账法都是算你花了多少钱，也就是算你失去了多少钱。按打分制来说，那种方法就是减分制。看着自己手中的钱越来越少，任谁都会失去热情的吧。

不仅如此，以往的记账法还有个缺点，那就是**"支出的金额很快就会消失不见"**。除非你妥善保管好所有购物小票，否则你就没法弄清楚自己到底花了多少钱。花出去的钱如果不好好记录下来，到最后就会莫名其妙不知所踪了。

而另一方面，小猪存钱罐却会给你很直观的感觉。你多存了些钱进去，放在手里的感觉就会更沉一些。手上的现金、股票、房子，这些资产也是能够看得见的实体资产。

如果以可视还是不可视为标准来讲，那么会计上的数字则是：一旦某一笔钱的记录不见了，就等于是看不见了。

与支出经费相关联的利润也是看不见的，另外销售额也是如此[①]。所以才会有发票或购物小票这种东西的存在，为的就是留下记录。但这些都是一不小心就会弄丢的记录。以往的家庭记账法就是一直用这种看不见的东西来管理家庭财务，所以才会麻烦，才会让人心生厌倦。

而现在我们改用眼睛看得见的资产来管理家庭财务，就能适用余额法则，就会让你的热情不断高涨："我的资产已经有这么多了！很好！看我来让它越变越多！"

实际看得见的	资产
实际看不见的	负债、资本、费用、销售额

---

① 因为看不见，所以才容易在利润上做手脚。关于这个话题，会在"应收账款不断变化的企业有问题"的章节（P.171）涉及。

理财技巧 06
习惯纸币单位，练就会计头脑

这本黑客家庭理财簿也是以千日元为单位来记账的。当然你也可以用万日元来做单位，不过一般会计上都是用千日元来做单位，所以我们还是沿用这个标准。

这种千日元为单位的记录方法还跟逗号（千位分隔符）是联动的。数学上一般是每三位数放一个逗号，这个规矩其实是从英语的计算方法来的。英语的单位都是以三位数为单位变化的，如图 A。

但日语里面却是以四位数为单位变化的，所以逗号的位置和传统单位的叫法有些出入。本来给数字标逗号是为了更好地数清有几位数，但看在日本人眼里就有些别扭，很难直观地理解（图 B）。

如果能够改改世界通用规则改成每四位数打个逗号，对日本人而言，可能会更好理解吧（图 C）。

A 英语 （","和单位一致）	
1,000	Thousand
1,000,000	Million
1,000,000,000	Billion

B 日语 （","和单位不一致）	
1,000	千
1,000,000	100 万
1,000,000,000	10 亿

```
 ┌─────────────────────────────────┐   ┌─────────────────────────────────┐
 │ C (4位数1个逗号的话,             │   │                                 │
 │     则","和单位一致)            │   │  3个0        为千位数           │
 │  1 万         1,0000             │   │  6个0        为100万位数        │
 │  1 亿         1,0000,0000        │   │  9个0        为10亿位数         │
 │  1 兆         1,0000,0000,0000   │   │  12个0       为1兆位数          │
 └─────────────────────────────────┘   └─────────────────────────────────┘
```

但可惜会计标准就是三位数一个逗号,所以我们也只能改变自己,让自己习惯这种三位数一逗号的规则了。否则,关键时刻我们很难马上反应过来数字到底是多少。

当你习惯三位数计算后,慢慢地你对百万和十亿的单位也会变得越来越敏感,就能够以百万日元为单位把握某个项目的销售额和费用,以10亿日元为单位把握公司整体的资金流动情况了。

这么一来,把两个很大的数字相乘也能很快算出结果。比如下面这个算式:

$$200,000 \times 40,000$$

按日本式的数字单位,就是20万乘4万,我们没法很快地心算出答案。但是如果只数有几个零的话,很快就能得出答案。

$$8 \times 1,000,000,000 = 80\ 亿$$

数出9个零后,当下就能算出这是10亿级别的数字。

遇到两个很大的数字相乘,首先观察有几个零,就能得出有几位数,知道是哪个单位级别的数字了。这么一来,只要看一眼,我们心里就能对数字有个大概的把握。至少看漏一位数之类的错误会少一些。

理财技巧 07
黑客家庭理财簿让你轻松存钱

那么在实际操作中该如何使用黑客家庭理财簿？接下来将逐步为大家介绍。

首先，记录的对象是流动资产，诸如现金、存款、有价证券等，这些都需要我们记录当日当时的价格。

接着记录住宅这一固定资产，但记录的价格并不是购买时的价格，而是当日的市价价格，也就是说如果你现在想卖掉房子，能获得多少收益。这个数字不用太精确。

这就是黑客家庭理财簿！

（千日元）

资产		4月30日	5月15日	6月20日	7月30日
现金	钱包	51	35	43	59
	柜子	100	100	100	100
银行存款	A银行	1021	1057	1002	1120
	B银行	212	235	209	215
	C银行	498	475	521	505
股票	总额	523	490	495	512
投资信托	总额	1500	1491	1495	1498
债券	总额	—	—	—	—
其他		—	—	—	—
不动产	A处	30,000	30,000	30,000	30,000

资产	4月30日	5月15日	6月20日	7月30日
B 处	—	—	—	—
其他				
资产合计	33,905 ①			
负债				
房贷	35,012	35,012	34,949	34,949
车贷	—	—	—	—
卡贷①	—	—	—	—
其他	—	—	—	—
负债合计	35,012 ②			
净资产				
净资产	−1107 ①−②			

（注）一般来说"负债"和"净资产"是横着标记的，不过也有这种竖着排列的形式

将这些流动资产和固定资产相加，得出来的就是你现阶段的资产总和。接下来记入负债部分，这个部分需要记录的是房贷、教育贷款、车贷等长期贷款的金额。我发现许多人甚至不清楚自己还剩多少贷款没有还，所以用这种方式确认自己还欠多少债务本身就很有意义。

最后是所有者权益（净资产）的部分。资产总和减去负债总额就等于所有者权益。数字都按"千日元"为单位，大胆写进去。然后，你家的资产负债表就做成了。

第一步记录资产

现金、存款以及其他资产，以记录当日的价格为基准记录。

---

① 卡贷，英文 card loan，日本银行的一种贷款方式，属于无担保信用贷款。经过申请审核后，银行会发行一张贷款卡（也可在自己的借记卡、存款卡上追加卡贷功能），可以直接从 ATM 机取出现金，有点类似信用卡提现，但不是信用卡。很多情况下主要满足紧急消费需求，类似小额消费金融。——译者注

第二步 记录负债

写入各种贷款的余额。

第三步 计算净资产

资产总额减去负债总额，剩下的就是**净资产**。

这张资产负债表所显示的就是你目前的家庭财务状况了。如果你一直在老式记账方式的折磨中挣扎度日，想必看到这里你一定会大吃一惊，觉得不可能这么简单吧。不过，就是这么简单。

不仅简单，这个家庭账本还有以下三个效果。

◎把握流动资产三个法则及其效果

　　现金余额法则→小猪存钱罐效果

　　纸币法则→经营者视角效果

　　随意法则→家庭财务快照效果

老式家庭账本的理念是以利润表为基础，要求我们细致耐心地记录每一笔开销，其目的是"积少成多"的节流。但是这种理念属于减分制，让人越是记账越是悔恨"这个月又乱花了这么多钱"，就越是恨不得自剁双手方才罢休。

而黑客家庭理财簿却完全相反，是以感受资产增加的乐趣为目标。这种理念带来的结果就是存款越来越多。我们不要折磨自己，不要痛苦地节俭，我们要快乐地存钱，欣喜地看着自己存款越来越多。

这种给我们带来快乐的记账法，凭借纸币法则和随意法则轻松就能实践，绝对是老式记账法不可比拟的。

高效且简单，这就是黑客家庭理财簿。

理财技巧 08
利润表与资产负债表

本章向大家介绍家庭理财理念从利润表（P/L）向资产负债表（B/S）的转变。这一转变催生出了以资产负债表为基础的黑客家庭理财簿，相信它给你的印象一定与以往的家庭账本大不相同。用千日元为单位制作的资产负债表，也能带给你一种俯瞰家庭财务全局的感觉。

当然，收入与支出之差得出的最好是正数，这很重要。也正因如此，以利润表为基础的家庭记账法成了现在主流的记账法。它能让你清楚地知道自己乱花了多少钱，也能告诉你该把费用压缩到一个怎样的范围之内。

然而，正如前面在流动资产的部分看到的那样，对家庭财务产生巨大影响的是负债金额。企业也是如此，如果一家企业的带利息负债太多，那么仅靠分析利润表也是没有办法解决问题的。

此外，对于企业起死回生的"V字复活"案例，仅看利润表是没法准确洞悉个中奥秘的。一家严重经营赤字的企业，是如何在第二年就起死回生的？当然，这肯定离不开企业的努力，不过，这种生死大逆转的奥秘就隐藏在资产负债表当中。

大多数V字复活的企业，实际上是通过关闭工厂等出售资产的手段来减少负债，从而实现起死回生。比如关闭工厂时，没有来得及折旧[1]的费用都要计入当年的费用当中，所以当年的利润表最后出来就只能是赤字。然后由于带利息负债大幅减少[2]，第二年就自然恢复了盈利（黑字）。只要一直关注资产负债表，我们就能够注意到企业发生的这些变化。

目前，会计的世界有一个大的潮流，那就是**从重视利润表转为重视资产负债表**。这是因为全球的投资人，他们的关注点不是企业1年内的损益得失，而是"卖掉企业能获得多少收益"，我们也把这种潮流融入了家庭理财当中，于是便有了以资产负债表为基础的黑客家庭理财簿。有了它，我们不仅能够了解会计的流程和潮流，还能准确地掌握家庭财务状况。

尤其是如何科学地匹配资产与负债，这不仅对企业经营而言至关重要，在考虑家庭财务的时候也是一个关键问题。关于这个问题，在下一章"家庭资产管理技巧"中再来仔细探讨。

---

① 固定资产折旧是指在固定资产使用寿命内，按照确定的方法对应计折旧额做系统分摊。简单来说，就是企业在建工厂时，需要购买土地、设备，修建厂房。而这些花出去的钱，在利润表中都应算作"费用"。但是由于这笔金额相当巨大，如果全部记在当年的利润表中，则会造成巨大的赤字，不利于科学把握当年的营业和盈利状况。而且这些资产不仅是为了当年的生产，也是为了今后的生产和经营而购入的，对于今后的生产经营来说也是有意义的。所以会计上就采取折旧的方法，把这笔巨额成本用几年或更长的时间，分摊到每一年的费用当中，算作当年的生产成本。这样更能科学地反应每一年的营业成本、收入与利润的关系。——译者注
② 企业购买土地、设备、修建厂房等对生产进行投入时，一般不会完全使用自有资金，而是会向银行贷款一部分，而关闭工厂后，出售厂房、土地、设备的收入，自然可以用来偿还未还完的贷款，这样银行贷款就大幅减少了。——译者注

第二章

家庭资产管理技巧

理财技巧 09
不知不觉中陷入资不抵债的陷阱

前面介绍基于资产负债表理念的黑客家庭理财簿时，或许细心的读者已经发现了一个问题，那就是家庭账本的样本（参照 20 页）中，净资产的部分是负数。

这意味着即使你将所有资产变现，也无法清偿所有债务，换句话说，也就是陷入了资不抵债的状态。样本中的家庭大约有 110 万日元的债务是没有能力偿还的。

（千日元）

资产		4月30日
现金	钱包	51
	柜子	100
银行存款	A 银行	1020
	B 银行	212
	C 银行	498
股票	总额	523
投资信托	总额	1500
债券	总额	—
其他		—
不动产	住房 A	30,000

资产	4月30日
住房B	—
其他	—
资产合计	33,905
负债	
住房贷款	35,012
汽车贷款	—
银行卡贷款	—
其他	—
负债合计	35,012
净资产	
净资产	−1107

看到这里，也许你会心生不悦："为什么要用这种不正面的例子！"但是实际上，**很多家庭在不知不觉中，都会陷入这种资不抵债的状态。**

为什么会陷入这种状态呢？答案就在购入住房的评估损失中。即使是花了4000万日元买的新房子，只要人一入住就立刻掉价变成二手房了。这么一来，房子的评估价值也骤然下滑。

另一方面，负债却不会因为价值的变化而下滑。虽说这也取决于你付了多少首付，但可以想象，在刚买入新房的阶段许多家庭都会陷入这种资不抵债的状态。

其后，你慢慢地偿还房贷，房贷欠款会越来越少，可同时你家房子的评估价值也越来越低，这么一来，就很难从资不抵债的泥潭中脱身。

顺便一提，这种基于市场价格的资产价值计算方法我们称为**市场价值计算**。在企业会计中，尤其是泡沫经济崩溃后，越来越多的企业账下拥有大量浮亏资产，而为了修正这种状态，便有了市场价值计算的处理方法。当不动产降到账面价值的一半以下时，就需要强制用市场价值计算处理。这种处理方法在公允价值中称为**资产减值会计**。

这类蒸发了的资产价值要作为损失处理，所以不仅会对资产负债表产生负面影响，也会波及利润表。只不过这种处理事实上只是在会计层面上使数字发生一些变化，因此不会产生现金和实际资产的减少。

不过，对从事商业活动的企业而言，企业信誉至关重要。不可否认，这种资产减值处理确实会让企业信誉大打折扣。一般人们的印象是资不抵债＝破产，所以在买入大额固定资产时，一定要慎之又慎，三思而行。

在家庭财务中，如果放任资不抵债的情况恶化下去，那么财务状况就会面临巨大风险。买房成家是人生中最大的第一笔花销，但从会计的观点来看，还是需要多加权衡。

顺便一提，以往的会计处理方法与时价会计截然相反，在买入资产后按实际花销金额记入账本，这叫作**账面价值**。以往的会计理念注重利润表，关心的只是出售时能带来多少利润，因此对于购买时的价格，只按实际购入价格入账，反而更方便处理。

但是在上一章我们已经知道了，现在的趋势是从重视利润表转移到了重视资产负债表。因此，从重视资产负债表的角度而言，如果把与实际价值相差十万八千里的金额，当作资产的价值写入资产负债表，那么经营者就无法做出准确的经营判断。

无论是企业会计还是家庭财务，引入市场价值计算理念都能帮我们做出准确判断。尤其是家庭财务的情况，很多家庭莫名其妙地陷入资不抵债的状态，这就更需要用时价会计的理念来调整思路，重新审视自己家庭的资产状况了。

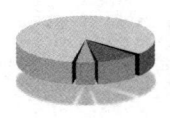

理财技巧 10

把握贷款余额，增强节约意识

黑客家庭理财簿不仅要记入资产，还需要记入贷款余额。这种记账方式的目的是提高我们的债务意识、把握债务状态。即使你对自己手中现金了如指掌，如果不清楚自己的贷款还了多少，还剩多少，那么也不能说你对自家整体财务状况有足够的了解。

每月支出了多少，这些数字虽然可以无视，但手中还剩多少余额却不得不把握清楚。相对前文的现金余额法则，这里我们叫作**贷款余额法则**。

这个贷款余额法则带来的节流效果绝对超过现金余额法则。"我居然借了这么多钱！"这种感慨会敦促你"要赶紧把钱还清了"。对越是谨慎小心的人这个法则越有效，最终会带来**紧缩财政的效果**。

不过，可能有人会觉得一天到晚总盯着贷款金额看，会不会让人越看越感到无力？其实效果完全相反，当看到自己欠的钱一点点变少，你会越看越心潮澎湃，越看越觉得需要努力工作。

比如，你看到每个月需要支出多少钱去还贷款，那必然会越看越意志消沉；但如果你看到不断减少的贷款余额，你就会发现"原来这个月贷款又少了这么多！"是不是觉得人生还是很有意义呢？如果你再努力节衣缩食，提前还清贷款就会拥有非常高的成就感。

众所周知，棒球选手铃木一郎，把自己的目标设定为赛季的安打[①]数量而不是打击率。安打数量与打击率不同，它只升不降，一年下来数量只会越来越多。因此他总能以一种积极向上的心态站在击球手区。贷款余额法则颇有异曲同工之妙，只要你不再新添贷款，贷款的余额就会越还越少。把这个数字作为参考，就能切实感受到自己离目标越来越近。

资产负债一目了然

（千日元）

资产		4月30日	5月15日	6月20日	7月30日
现金	钱包	51	35	43	59
	柜子	100	100	100	100
银行存款	A银行	1021	1057	1002	1120
	B银行	212	235	209	215
	C银行	498	475	521	505
股票	总额	523	490	495	512
投资信托	总额	1500	1491	1495	1498
债券	总额	—	—	—	—
其他		—	—	—	—
不动产	住房A	30,000	30,000	30,000	30,000
	住房B	—	—	—	—

[①] 棒球和垒球运动中的名词，指打击手把投手投出来的球击出到界内，使打者本身能至少安全上一垒的情形。——编者注

第二章 家庭资产管理技巧 31

其他	—	—	—	—
❶ 资产合计	33,905	33,883	33,865	34,009

负债				
住房贷款	35,012	35,012	34,949	34,823
汽车贷款	—	—	—	—
银行卡贷款	—	—	—	—
其他	—	—	—	—
❷ 负债合计	35,012	35,012	34,949	34,823

净资产				
❶ − ❷ 净资产	−1107	−1129	−1084	−814

> 记入贷款余额，让自己时时关注贷款余额数字变化。

理财技巧 11
固定资产需折旧

前面说过让家庭财务陷入资不抵债的原因是资产价值的缩水。许多有形资产随着使用的增多出现磨损消耗，或变得过时落后，其价值都会不断降低。

固定资产与流动资产的区别

流动资产	速动资产	现金、存款、应收账款、未收账款等能够在短时间内变现的资产
	存货	未使用的原材料、在产品、未销售的产品等资产
固定资产	有形固定资产	建筑物、机械设备、车辆、备件、土地等
	无形固定资产	经营权、专利权、著作权等

例如汽车，新车在购入的瞬间就变为了二手车，其价值也直线下降。之后，随着使用年数和行驶距离的增多，其价值便越来越低。

自家的小院或公寓也是如此，从你买入的那一刻起，资产价值就会随着使用年数的增加而不断缩水。

这类资产被称为固定资产，指的是使用年限较长的高额资产。在企业中，工厂等制造设施、自建的公司大厦等不动产都属于这个范畴。

会计学的理念是尽量用数字如实反映现实状况。资产价值不断缩水这一现实状况，也需要反映到会计数字当中。想要客观如实地反映这种价值降低的状况，就需要一种可以规避随意性的、有规律的计算方法，这就是**折旧**。

例如，公司花 120 万日元买入一辆车，其价值每年降低 20 万日元，过了法律规定的 6 年使用年限后，其价值就变为零。好不容易买到手的资产，价值却在逐年减少[①]，实在让人心疼，但遗憾的是，这就是现实。

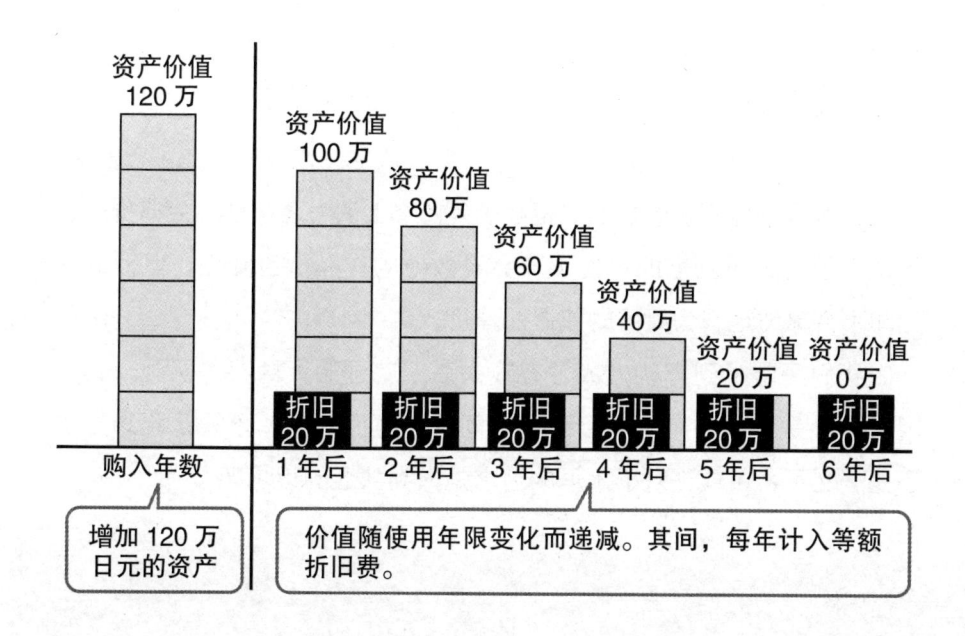

```
资产价值
 120 万
          资产价值
           100 万
                   资产价值
                    80 万
                            资产价值
                             60 万
                                     资产价值
                                      40 万
                                              资产价值  资产价值
                                               20 万     0 万
           折旧    折旧    折旧    折旧    折旧    折旧
           20 万   20 万   20 万   20 万   20 万   20 万
购入年数   1 年后  2 年后  3 年后  4 年后  5 年后  6 年后
```

增加 120 万日元的资产

价值随使用年限变化而递减。其间，每年计入等额折旧费。

这种掌握固定资产价值减少程度的方法，便是折旧处理的思维方式[②]。根据资产价值的减少情况计入折旧费。

[①] 处理减少价值有两种具有代表性的方法，定额法与定率法。定额法是每年减去相同金额。定率法则是每年按同一个比率来折旧，因此定率法折旧的情况下，买入资产第一年减去的金额较多，以后逐年减少。这里为了方便大家理解，采用定额法来说明。——译者注

[②] 折旧还有一个效果，那就是让费用均摊到多个会计年度。买入高额资产后，如果把费用全部计入当年报表中，利润表最终可能会是相当大的赤字。为了避免这种情况的发生，需要在一定期间内，将费用分散到每年的费用项目下。

在会计规则中，基本上以**有形资产会因其损耗而逐步归零**为前提。为此，所有的设备、备件都应做折旧处理，但这样一来，就连一支笔也需要折旧处理，这就徒增很多麻烦了。所以，一般 10 万日元以上且使用年限大于 1 年的固定资产才需要折旧。

顺便一提，在这种会计思路下，只有两种东西不会掉价，那就是**地球和艺术**。

地球说不定哪一天也会消失于宇宙之中，但那可能是几百亿年以后的事情了。假设几百亿年以后发生的情况似乎有些不太理性，所以一般认为地球的价值是不会变少的。地球，换句话说就是土地，所以土地是不需要折旧的。

艺术也同样不属于折旧的范畴。会计学上认为艺术是不会掉价的。虽说人们对某个画家的评价下降会导致他的作品价值降低，但他的作品却不会单纯地因为时间的流逝而掉价。

我们经常听到有些人成了有钱人后，就开始大肆买房买画，其原因之一就是这两种东西不会随着时间的流逝而降价。不管是腰缠万贯还是一文不名，或许对于永恒的追求是人类共通的诉求吧。

理财技巧 12
零残值法则

这种折旧处理的思路也适用于家庭财务。

家庭财务中,最大的一项固定资产自然是住房。住房的资产价值也会随着时间的流逝而不断降低。

而最终住房价值会降到怎样一种地步?大概会变成下面这样:

独栋住房 = 土地价格 + 房屋价格 0 日元

而且有时候,还会是这样的:

独栋住房 = 土地价格 − 房屋拆除费用

也就是说,拆除土地上的房屋,把它变成可供建筑的空地也会产生费用。所以卖房的时候,还需要从房屋出售价格中扣除这部分费用,实际上还是贬值了。如果你当年在自家土地上盖了幢钢筋混凝土的房子,虽然又大又结实,但是你算出土地的费用后,还得帮买家预留出很大一笔拆房子的费用才行,要不然很难找到买家。

这么一看,相信你就能了解土地是多么值钱的东西。土地不会磨损也不会损耗,会完好留下它购入时的价值。

如果你的房子不是独门独院而是公寓楼，那价格计算就更为复杂。这里姑且取一个大概的数目，假设二手房价格降为购入时的一半，等你辛辛苦苦还完房贷后，3000万日元的公寓，就只剩下1500万日元的价值了。

不动产还算相对保值的资产[①]。土地的价值不会减少，所以不会归零。但不动产以外的固定资产，按照会计学的规则来说，原则上最终残值（最终该资产的剩余价值）肯定是零。如此，我们买的**汽车、电脑等资产，只要超出使用年限，其价值便可以按照零来计算了。**

我们遵从这种会计规则，在黑客家庭理财簿中也适用这种**零残值法则**——最终不会留下任何价值的资产，统统以"0"来计算。这样一来，我们花了200万日元买来的汽车，在购入的那一瞬间就变成了"0日元"了。这种观点，跟总觉得自己手上有200万日元资产的这种想法相比，在感情上确实让人难以接受，但在会计学上却是稳健的。

这么一来，当我们买下大件物品的时候，黑客家庭理财簿上的资产就会大幅缩水。如果是买了10万日元的冰箱，则资产瞬间消失10万日元；如果是30万日元的电视，则是瞬间消失30万日元。大家平时很少会意识到资产减值这个问题，而这条法则就是要让我们牢牢地记住这个事实。

有了这条法则，我们就能够及时制止不理性的消费，减少不必要的固定资产购入。我们会在买东西时仔细斟酌是否真的非买不可，所以零残值法则也会带来**理性购物效果**。

[①] 日本买房子一般是土地房子一起购入，你可以先买地，再自建房屋，也可以直接买建好的住房。独栋住房的土地比较好算，公寓楼则是按照一定比例享有整个公寓楼或小区土地的一部分产权。——译者注

理财技巧 13

考虑折旧再决定买房

个人购买住房这件事,放到公司层面便是建造公司大楼,或是建设工厂,是关系到公司命运的一件大事。不惜借款买入的资产,在今后的几十年内是否能够起到与其金额相当的作用?我们必须几经斟酌才能做出合理的判断。

可惜在家庭财务方面,很多人在决定买房前根本不会从会计学的角度权衡利弊。比如有人会说与其交付高额的房租不如贷款买房,最终能留下属于自己的资产。诚然,如果是租房的话,每个月都要交房租,自己最终也不会留下任何资产。而相比之下,给自己买套房,只要贷款还清,最终钱就会变成房子,作为资产留在自己手中。

尤其是结婚生子后,如果想换个大房子住,那房租自然也会涨价。与其继续交付高额的房租还不如买套房——这种想法也是无可厚非的。

但是,真是这样吗?

让我们来算一笔账。假设我们买了4500万日元的公寓,首付500万日元,剩下的4000万日元贷款。如果贷款利率是3%,还款年限为30年,则最终我们需要还大约6072万日元。每月还款金额大概是17万日元。

而想要租与4500万日元的公寓相同水准的房子,(我比较过东京近郊租金行情后)发现大约每个月也要花18万日元的租金。

	每月的支出	资产
买房	17万日元	最终拥有房产
租房	18万日元	最终什么都没有

从资产这一项来看，乍看之下，买房与租房，最终的差别还是较大的

相比之下，买房子每个月的花销不仅更少，而且还清贷款后，自己还得了一套固定资产。这么一算，绝对是买房子更合理。

然而，这个问题并没有这么单纯。

首先，如果是购买公寓，就会附带产生一些费用。购买时还要交纳许多税费，例如固定资产税[①]、物业管理费、修缮公积金等。假设固定资产税每年需交15万日元，物业管理费和修缮公积金每月需交2万日元，最终支付的金额如下页图A所示。

终于还完房贷，房子实实在在变成自己的了。高兴之余，你或许忘了固定资产还有个陷阱，也就是前文中提到的折旧。你手中的这套房，从购买到还完贷款已经过去了30年，如今它怎么能还价值当年的4500万日元？

这里隐藏着一个巨大的陷阱。还完房贷后，留在你手中的资产不可能价值4500万日元。这里为了方便，我们直接给它减半，假设残值是2000万日元。

这么一来，最终这次购物的损益情况就如下页图B所示。可以看出，即便减去手中残留的2000万日元，最终这笔交易还是给你带来了6142万日元的费用[②]。

[①] 固定资产税，类似于我们说的房产税。——译者注
[②] 为了方便计算，这里省略了乘以折现率计算现值的步骤。

A

自有资金　　　　　　　　　　　　500 万日元
还款金额　　　　　　　　　　　　6072 万日元
经费　　　　　　　　　　　　　　400 万日元
物业管理费、修缮公积金
　　　　2 万日元 ×12 个月 ×30 年＝720 万日元
固定资产税　　15 万日元 ×30 年＝450 万日元
　　　　　　　　　　　　合计　8142 万日元

B

资产 2000 万日元 − 费用 8142 万日元 ＝ −6142 万日元

而另一方面，租房这笔账又是如何计算的呢？为了公平起见，租房时附带产生的各种费用，我们也一并计算。

首先，租房时需要额外支付押金、礼金和中介费[①]。最近虽然很多地方都不再收取这类费用，但这里还是假设礼金相当于 2 个月的房租，押金是 2 个月的房租，中介费是 1 个月的房租，首次租房一共需要交 5 个月的房租。然后每 2 年续约一次，而续约费需要额外交相当于 1 个月房租的钱。

这样，租房 30 年需要支出的金额是：

30 年 ×12 个月 ＋续约费 30 年 ÷2 ＋首次租房发生的费用 5 个月的房租 ＝380 个月的房租

---

① 日本租房除了和中国一样要支付押金和中介费，还要付给房东礼金。礼金是给房东的，不退，一般相当于 1~2 个月的房租。据说，租房时支付礼金的习惯源于战后，那时很多人从地方来到东京，他们觉得租房后，可能会给房东添很多麻烦，所以支付礼金，对房东在他们租房期间将给予的照顾和帮助表示感谢。——译者注

每个月 18 万日元，一共 380 个月，总额为 6840 万日元。与买房产生的费用相比较，两者之差有 698 万日元。

为了方便大家理解，我们再把这笔钱换算成每月的花销来看看。30 年就是 360 个月，算下来，买房每个月花销是 17 万日元，而租房每月是 19 万日元。

这组数字与前面的一组比较来看，给大家的感觉可能又有所不同。这么看来确实买房每个月能节省 2 万日元。但由此我们也可以看出，留下的资产却也没有想象中那样保值。

费用总额

买房	6142 万日元
租房	6840 万日元

698 万日元

↓

每月费用

买房	17 万日元
租房	19 万日元

理财技巧 14

长期来看，还是租房更合理

还有一点是不能忘记的，那就是租房比较自由，随时都可以解约。而相对的，贷款买房后，只要你不打算把房子卖掉，那么接下来的几十年，你就需要勤恳工作，努力还贷款了。

如果公司还是以前"终身雇用制"这一制度，那么就算是长期贷款，也能确保持续还贷能力不会出问题。然而时代在改变，有的公司要求员工提前退休，还有的公司在你退休前就破产了。这种环境下，长期贷款就有相当大的风险。

此外我们还要记得，随着家庭成员的变化，我们对住房的需求也在发生变化。你想生几个孩子？孩子们长大了以后，现在的住房空间是不是就不够用了？孩子们长大成人、独立生活之后，我们又需要什么样的住房呢？

家庭的生活方式在不断变化，购买自住房显然已不能够应对这种变化了，但租房就能让你自由灵活地应对各种变化。

我们假设在一个每月房租 18 万日元的房子里居住 15 年后，搬到一个月租金 12 万日元的房子里住 10 年，最后再在一个月租金 10 万日元的地方住 5 年。我的计算比较粗略，忽略了搬家时产生的一些费用，这样算下来，还是租房住比较合理。而且能省下 456 万日元，也是不可小视的一笔开销。

生活方式变化引起房租变化

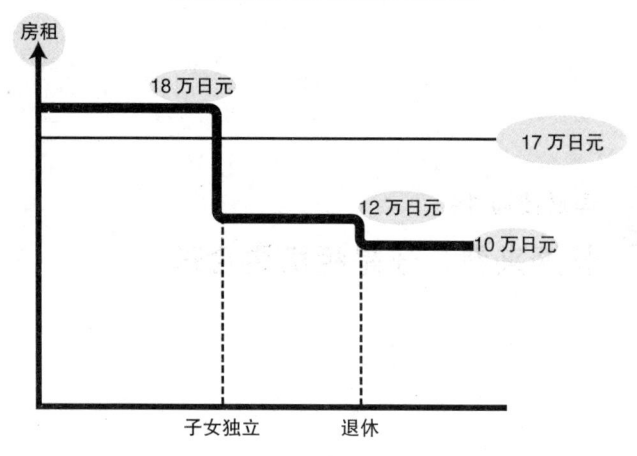

```
房租
 │
 │────┐ 18万日元
 │    │
 │    │         17万日元
 │    │
 │    └────┐ 12万日元
 │         │
 │         └──── 10万日元
 │
 └─────────────────────────
         子女独立    退休
```

最终这里就出现了前文列举的固定资产的问题，也就是它很难应对经济状况与家庭成员的变化，对环境改变的适应性比较差。

从现在的会计学角度来看，买房并不是一个明智的决定。虽然租金略显高昂，但你随时都能解约，随时都能换个地方住，所以租房明显利大于弊，风险也更小，从费用来说最终也比较合理。

换一种说法，买房就等于是牺牲资产的流动性来换取一个宽敞的家；而租房，则是除了获得实际的住房外，还有一个附加选项，那就是可以随时解约，虽然为此可能要多花一点钱。

买房的钱款 = 居住价值
租房的租金 = 居住价值 + 解约选项的附加价值

如果是一直租借同样面积的住房，那么由于租房附带解约这一附加价值，租金多少会高一些。不过，这部分多出的开销，**我们可以通过灵活换租其他住房节省下来，所以从结果来看，最终还是合理的。**

购房 VS 租房的费用比较

				费用	
购房	3LDK[①]			61,420,000	①

		单价	月数	费用	
租房	3LDK	180,000 各种费用	180 12	32,400,000 2,160,000	
	2LDK	120,000 各种费用	120 10	14,400,000 1,200,000	
	1LDK	100,000 各种费用	60 7	6,000,000 700,000	
				56,860,000	②
		差额（①－②）		4,560,000	

（租房更划算）

最后千万不要忘了，买房会降低你的资产流动性，最终会让你背负巨大的风险。

[①] 用于房间布局的标记。L 是起居室，D 是餐厅，K 是厨房。

理财技巧 15

购买 10 年后可以售出的公寓

说到家庭理财，话题就展开得越来越大了，不过买房对于一个家庭而言确实是件大事，所以还是需要认真研究一下。

前面我们已经说过，购买自住房这一固定资产，是一个风险极高的行为。虽然粗算之下，买房比租房开销少了些，但买房还存在更大的风险。

不过，我们还是有方法可以降低这一风险。这个方法就是**购买 10 年后能够售出的公寓**。

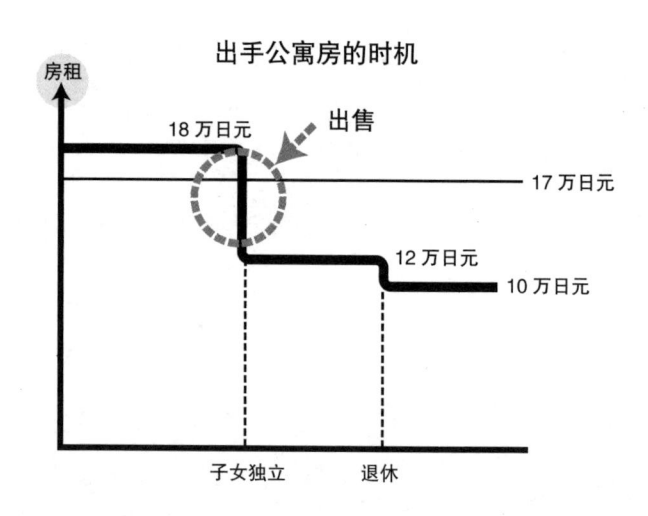

出手公寓房的时机

房租
18 万日元 出售
17 万日元
12 万日元
10 万日元

子女独立　　退休

买房时一定要选一套即使子女独立后想卖掉也可以卖出好价钱的房子。这样一来，我们就可以随着生活方式的变化，而换购适合的住房一直以来，提到住房许多人的感觉就是"最终的归宿"。当然，现在你也可以买一套房，然后一直居住。不过，我希望大家能够看到另一种情况，那就是根据自身经济状况的变化和生活方式的变化，及时换购住房。

买一套10年后可以售出的房子，就可以应对10年以内发生的变化。而10年之后，"是就这么继续住下去？还是卖掉好？"再下判断也不迟。多一个选项，心情自然也会开朗舒畅很多。

房子售出后，你既可以根据新生活方式的特点再购买一套二手房，也可以租房，选择权都在你自己的手中。

至于什么样的房子转手卖的时候能卖个好价钱，我可以为大家提供几点参考，对，是仅供各位参考。我买房子的时候，是按照以下这些条件来买的。

> **公寓房购买条件**
>
> ①不买独门独院的房子，而要买公寓（公寓市场较大，容易售出）
>
> ②距离地铁、城铁站近，一般距离步行10分钟以内（二手房价格不会跌太多。而只是离公交车站近的话，就很难售出[①]）
>
> ③房龄不到5年（即使10年后也不算太旧的房子，仍有市场，容易出手）
>
> ④未来计划开发的地区（10年后房子有望升值。公寓会越来越值钱）

---

① 日本公交车基本只是在较小的范围内运营，不像中国有那么多长线的路线。而日本城市轨道交通发达，基本上出行，尤其是通勤都是乘坐轨道交通。所以房子附近只有公交车站的话，意味着交通不太方便，自然愿意花钱买的人就少了。——译者注

如果你还想更深入了解一下该买什么样的公寓房，推荐阅读《绝不能买的"烂公寓"》。这本书是三井不动产集团的员工写的，所以里面有不少内部人员才懂的内情，能教你如何区分好房子和烂房子。

这本书里一直在强调一点，也就是购买条件④里说的"**越久越值钱**"。例如，广尾 Residence 小区建筑年限也不短，但现在这个小区的二手房依然可以售出高价。因为小区刚建成时种植的树木经过多年生长，现在已茂然成林，小区环境十分优美，可以说现在的居住环境比新建成的时候还好很多，所以这里的房价并未下跌。从会计学的角度来看，随着时间流逝，公寓的价值是只降不升的，然而周围环境越来越好，却能带动房价的提升。

此外，好的住房，即使不卖也可以出租。10年后依然能够售出，说明房子确实不错，这样的房子，想找个租客也是很容易的。如果你的房子本身还不错，那你就多了一个选择，要卖要租都可以。

以将来出售为前提而购买固定资产，这种方法能够帮我们**确保资产的流动性**。这种做法，我想称之为**换购法则**。

理财技巧 16
电脑要一年一换

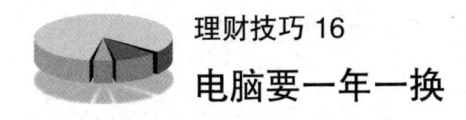

这个固定资产换购法则，对住宅之外的资产也同样适用。个人电脑便是其中之一。

虽然个人电脑的价格越来越低，但想要买个性能不错的，至少还要 20 万日元，说起来也不是说买就能买的东西。许多人都是买一台电脑一用就好几年，特别珍惜，小心使用。一旦买到手就要一直使用，这大概算是固定资产特有的麻烦。

不过，还是有解决的办法。那就是每年都买最新款的电脑，然后把旧电脑拿到雅虎拍卖等二手市场卖掉。

个人电脑的二手市场价相比其他商品具有一定保值空间，比如一年前的机型，拿到二手市场上，大概能以购入价格的 70% 售出。这么一来，20 万日元买的电脑就可以卖到 14 万日元。

手上拿着这 14 万日元，如果再买 20 万日元的新电脑，只需要补 6 万日元的差价即可。相当于花 6 万日元就能以旧换新，买个最新机型的电脑使用。只要每年重复这样的操作，我们只花 6 万日元，就能每年都使用最新机型了。

也可以换个角度理解：**每年只需要花 6 万日元的使用费，就能一直使用最新型的电脑。** 如此一来，个人电脑就不再是固定资产了，而可以看作短期费用。这样就能将原本属于固定资产的电脑变成可流动的资产了。

是折旧？还是折现？

通常情况下，我们可以按照以下标准来判断是把某项资产做折旧处理，还是转换为费用。

应当折旧的固定资产	固定资产中，买入价格在 10 万日元以上，使用年限在 1 年以上的
应当折现的资产	可使用年限低于 1 年，且买入价格低于 10 万日元

想要在二手市场尽量卖出高价，我们还需要注意以下几点：

① 要选像松下 Let's note 系列的这类热门机型
② 使用前要加上一层保护膜，以免弄脏电脑
③ 注意保管好附件、包装盒、保修卡、产品说明书

其中选择热门机型尤为重要。如果你买了比较小众的发烧友机型，可能二手机会掉价很多。买的时候，就不能想这个电脑是你的所有物，而要想着这个东西最终还要卖给别人。

家用汽车也是一个很典型的例子。如果你买了奇怪颜色的汽车，那么等你售出的时候就卖不了太好的价钱。有句话说的是"白色的丰田卡罗拉能卖个好价钱"，意思就是**要买就买大家都愿意买的东西，才是明智之举**。

当然，相信也有追求个性的人"不满足于跟别人买一样的东西"。如果你是这类人，那就只管满足自己的占有欲即可。不过这种做法最终是为了满足自己的欲求。欲求与理性不可兼得，所以面对心仪商品时，需要先想清楚再下手。

理财技巧 17
在不易贬值的知名地段修建住房

买自住房其实还有一个策略可供参考。这种方法的关键在于土地不会贬值这一特点上。

购买公寓楼房有个风险，那就是从物理层面而言公寓楼房本身会老化变旧。为此，如果想要住了许多年后还能将房子售出，我们就需要采取一些战术。

如果房子不会贬值，那我们也没必要急于趁房子还新的时候将其卖掉。而反过来想，买个不会老化的房子，就不怕贬值得太厉害了——这个想法也是很合理的。具体来说，就是**买一块永不贬值的土地盖一间房子**。

我的做法是在东京都内的一个知名住宅区内买了一块地，然后建筑了住房。当时这块地的主人要交很大一笔遗产税着急卖掉，所以价格自然也是低于此地区的均价。之所以能以低价买到此地，是因为我早就跟好几家中介商提前沟通过，说我正在寻找地段准备购买，如果有好地段一定要介绍给我。

我买的这块地是知名地段，已有几十年历史，所以今后也不会出现地价暴跌的情况。**这次购买不需要担心资产价值下跌，从会计学的角度来讲，是一次风险很低的购物。**

既然大额支出花在了土地上，那么对于将来必然会贬值的建筑物，自然要竭力压低成本，于是我决定修建木制的房子。土地上的建筑物与土地不同，我们需要时刻记住它们会越用越旧，而且最终要被推倒重建。所以，如果你热情洋溢地建造钢筋水泥的房子，那么作为资产它就失去流动性了。

房屋的设计要适用"易于卖掉"的规则，尽量设计出能够满足大多数人所需求的房子。例如停车场的大小，我开的车不大所以不需要太大的停车位，但是我还是留出了一些空地，确保体积较大的豪车也能停放。对于车型较大的好车持有者而言，院子里停车的地方太小，自然就会被无情地踢出备选名单。这种情况是我们需要避免的。

有些富豪级的人物，我们总觉得人家很有钱，肯定会按照自己喜欢的设计来修建住房，但其实人家在这点上也做得滴水不漏。有一位公司总经理说自己在修建豪宅时，设计了一个很大的院子，今后可以作为婚礼会场使用。豪宅一般很难出手，少有买家能一掷千金，但是即使卖不出去，这所豪宅以后也能转型为商务用的婚礼会场，这么一来，房子就好卖了。

这类豪宅，如果仅是自住的话不可能产生利润，反而会产生固定费用；但如果转作商业用途的话，那就可以避免这一情况。这就是有钱人的智慧。

此外，在设计的时候就考虑了今后销路的独门独院，即使是出租也是非常抢手的。尤其是还带有停车位的小院，与在东京都内租个公寓外加停车位的这种做法比起来，还要更经济实惠一些，所以也能很快租出去。

能够立刻出租的房子，必然有其地段优势。所以买房时，尽量把钱花在土地上，至于地面上的建筑物能省则省。这对于维持资产价值、确保流动性而言，都是至关重要的。

土地购买条件

①品牌效应高的知名地段（不易贬值，容易售出）

②守株待兔，等待性价比高的房源和土地，伺机购入（事先跟中介沟通，如果有好房出售，让中介尽快告知）

③土地上的房子，能省则省（因为资产价值很容易老化贬值）

④房屋设计中规中矩，切勿标新立异（尽量扩大买家范围）

理财技巧 18
所有家用汽车都是负债

村上龙有本书，书名叫《所有男人都是消耗品》。在黑客家庭理财簿中，包括大屏幕电视机在内的贵重家电，还有家用汽车都不会计入资产项目下，其理由就是这些物品在购买时，几乎不会留下资产价值，所以对于家庭财务而言，它们**反而有着跟负债一样的作用**。

买车开车都耗资不菲。油费就不用说了，车库使用费、车辆年检费、保险费等多种费用，还有税金，机动车重量税、机动车税等不一而足。

我们假设买一辆150万日元的车，使用15年。其间，假设车库使用费是每月2万日元，油费每月5000日元，车辆年检是每两年一次，一次10万日元，汽车税每年4万日元，车险保费每年6万日元，那么15年开下来，我们总共需要支出820万日元。

面对如此高的费用，你还能理直气壮地说自己的用车是"价值150万日元的资产"吗？正确的理解方式应该是这样："我为什么要用150万日元，买670万日元的负债？"

顺便一提，如果把这笔开销换算成每个月的开销，那么应该是820万日元÷180个月≈4万5556日元。每个月花销超过4万，跟打车的价格差不多。如果是外出旅行之类的远途使用，我们也还可以用租车来代替买车。

以《富爸爸，穷爸爸》而闻名于世的罗伯特·清崎下过这样的定义：

"能够带来现金的东西就是资产""会夺走现金的所有东西都是负债"。从这个定义来看，税金、停车位的费用、车辆年检费用等支出产生的源头——家用汽车就是不折不扣的负债[①]。

前文中介绍将豪宅设计成可以当婚礼会场使用的例子，从需要花费很多维护费用的角度来看，豪宅确实是"负债"，但它又随时可以变为产生收入的"资产"。

让汽车为自己产生利润或许有些困难，所以就只有一个方法可行。**如果你买了车却不使用，那么即使会吃点小亏，但还是马上卖掉比较好。**卖车所得的钱不仅可以拿去还贷款，还能断绝附带费用的发生，也就是说卖掉车后负债就减少了一项。

开车 15 年，花销 820 万日元

汽车购买费用	1,500,000 日元	1 次	1,500,000 日元
车库使用费	20,000 日元	180 个月	3,600,000 日元
油费	5000 日元	180 个月	900,000 日元
车险保费	60,000 日元	15 年	900,000 日元
车辆年检费用	100,000 日元	7 次	700,000 日元
汽车税	40,000 日元	15 年	600,000 日元
总额			8,200,000 日元

[①] 当然如果你能充分发挥汽车的工具属性，那么买车也不错。公共交通系统发达的城市地区或许还好，但到了有些地方如果没有车，生活就很不方便。而且即使在城市，有辆自己的车，能够去超市购物，还能缩短通勤时间，可以节省时间，节省金钱。此外，有无停车费用也是一道分水岭。如果自己家里有停车的地方，那么开车的费用就能大幅缩减。

理财技巧 19

压缩"看不见的负债"

其实我们的生活中有很多"**看不见的负债**",它们像家用汽车一样,乍看是资产,而细想一下,就会发现它们与负债无异。

例如,你家中有一些根本用不着却又占地方的器具,那么这些器具就是负债,因为你必须为它们的存放空间支付房租。我有一个从来不弹的吉他,但我却舍不得扔掉。这个吉他一直占据着我房间的一个角落,数年如一日。如果将这个也算到成本中的话,花费的金额也许会让你震惊。而卖掉之后,这部分成本也就不存在了。

如果你是一个爱看书的人,那么你书架占据的空间也是巨大负债。我曾经搬家的一大原因,就是因为没有放书的地方。我为了书而多付出了房租,但如果没有那些书的话,这部分费用可以避免。但让我把书扔掉,我还是无法下定决心。不过我在《整理的艺术1》中介绍过一个方法,使用扫描书籍做成 PDF 文件来大幅缩减书架所占空间。

还有那些多年不穿的衣服也是占据衣橱空间的代表性物品。如果以后也不穿的话,倒不如全都扔掉的好。

"看不见的负债"清单

(日元)

资产	附带产生的费用	一年的金额
家庭用车	停车费	324,000
	汽车税	45,000
	车险保费	120,000
	车辆年检	120,000
	油费	72,000
公寓	物业费	180,000
	修缮公积金	144,000
	家庭财产保险	24,000
	固定资产税	90,000
复印机	墨粉费用	25,000

我们也可以制作一个清单，将那些资产附带产生的费用"可视化"。

理财技巧 20

将浪费时间的东西都视为负债

　　浪费我们时间的东西也是负债的一种。如果不浪费那些时间，或许就能用来做其他有意义的事情。本来能够做到的事情却没有做到，这种情况也是一种成本，用经营战略的术语来说，就是机会成本。

　　例如一个年薪500万日元的人，假设他每年工作时间为2000小时，那么他的时薪就是2500日元。对于一个时薪2500日元的人而言，如果浪费了他1个小时，就等于给他增加了2500日元的成本，假如这种时间的浪费一直持续很长时间，那么按照罗伯特·清崎的定义来说，就是一种负债了。

　　为了节约经费而一直使用性能较差的电脑，这种做法确实具有抑制支出的效果，然而性能差就意味着效率不高，浪费时间也是一种负债。假设电脑死机或是处理程序很慢，1天要浪费30分钟，那么20天的话，就是10个小时，一年就会浪费180个小时。按照上文的时薪来算，就是45万日元。从这点来看，我们也可以对"拿出45万日元换个新电脑"的合理性做出解释了。

　　事实上，就工薪族来说，一般都是每月领取固定工资，所以即使节约了时间，收入也不会立刻增加。但是从经营者的角度来说，节约时间却给公司的生产效率带来直接影响。

　　丰田汽车的生产方式叫作精益生产（Lean Manufacturing），这种模式能够减少不必要的浪费，而其中最重要的因素就是节省时间。如果某一个操作能够 10 分钟完成，那么下一次就要试试这个操作能否 9 分钟内完成。如果 9 分钟也能完成任务，那么就再试试 8 分钟是否可行。就像这样不断有意识地缩短时间，逐渐地将看不见的浪费降到最低。在制造行业，浪费时间、效率下降无疑就是在浪费金钱。

反过来，那些能够帮我们节约时间的设备，我们可以视之为宝贵的"资产"。举个例子，高性能的日常生活用家电能够帮我们缩短家务时间，它们就是非常具有价值的资产。

◇ **浪费时间的"负债"事例**

使用旧式电脑，工作时间加倍

整理不会再穿的衣服，花费大量时间

整理不会再读的书籍，花费大量时间

堆积了许多无用的资料，以至于花费大量时间从中寻找有用资料

◇ **节约时间的"资产"事例**

洗碗机、全自动洗衣机等可以将我们从家务劳动中解放出来的家电

随时随地都能开展工作的笔记本电脑

可以在空闲时间抽空观看电视节目的移动硬盘播放器

可以自动扫地的全自动吸尘器，如 Roomba

理财技巧 21
资产与负债（资产负债表思维）

以资产负债表为基础的黑客家庭理财簿，其最大的特点就是对资产与负债有准确的认识。这里向大家介绍三个法则及效果：

◎ 认识固定资产与负债，三大法则及效果
  贷款余额法则→财政紧缩效果
  固定资产残值归零→明智购物效果
  固定资产换购法则→固定资产流动化效果

以往的家庭理财观念，都没有把这三大法则与效果作为重点强调。购入的资产到底如何？残值如何？能发挥多大的作用？是否值这个价？从未有人教我们如何来评估自己的资产。

而黑客家庭理财簿的理念，则是重视资产的有效利用率，也就是重视资产收益率（Return on Assets，ROA），所以它能找出无用的资产。

这一章的后半部分，我特别介绍了一些会带来额外支出的资产，也就是乍看算是资产而细细想来却等于负债的东西。资产与负债，看似完全相反的两个概念，其实两者互为表里，而且还能相互转换。

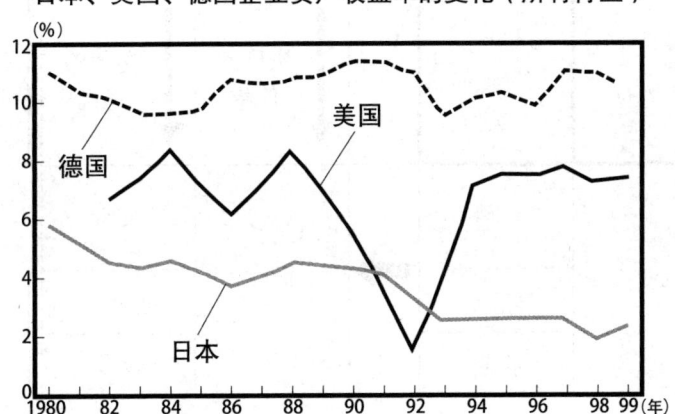

日本、美国、德国企业资产收益率的变化（所有行业）

出处：日本政策投资银行《调查》第 30 期

（备考）
1. 参考日本财务省《法人企业统计年鉴》、美国财政部 Quarterly Financial Report for Manufacturing, Mining, and Trade Corporations、德国德意志联邦银行 Monthly Report 制作而成。日本时间单位为"财政年度（每年 4 月 1 日到翌年 3 月 31 日）"，美国、德国为自然年。
2. 由于数据限制，日本与美国用的是营业利润 / 期末总资产，而德国用的是税前利润 / 期末总资产进行比较。
3. 日本的数据不包括金融、保险业，美国不包括矿业、批发零售业之外的非制造业，德国不包括电力、燃气、自来水、矿业、建筑业、批发零售业之外的非制造业。此外，德国只有联邦德国的企业数据（1990 年前）。
4. 美国 1981 年以前的 ROA 数据不太连贯，德国 1999 年以后各行业的 ROA 都未公布，因此未在图表中列出数字。

这点也适用于企业。一直以来与欧美企业相比，日本的企业对资产和资本的有效使用率都缺乏关注。而且即使在日本国内，所有行业的平均值也有很大差别。

类似资产收益率的指标，对于投资者来说，在选择个股的时候是非常重要的参考。所以很多企业为了获得投资人的青睐，就会努力采取手段来压缩资产。其中一个方法便是不动产资产证券化（房地产证券化）。

房地产证券化，是将不动产转化为证券让别人购买（投资），并承诺把从不动产中获得的利润进行分红的一种做法。向投资人出售证

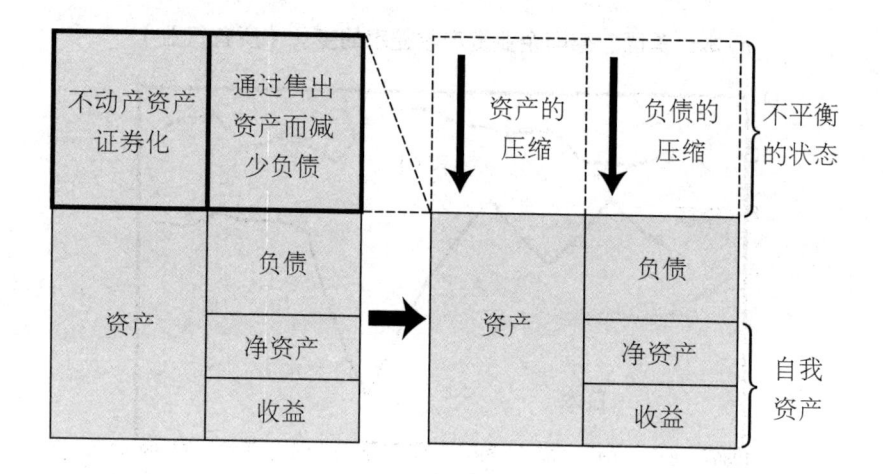

```
┌─────────┬─────────┐         ┌─────────┬─────────┐ ┐
│不动产资产│通过售出 │         │ 资产的  │ 负债的  │ │不平衡
│ 证券化  │资产而减 │         │ 压缩    │ 压缩    │ │的状态
│         │少负债   │         │   ↓     │   ↓     │ │
├─────────┼─────────┤         ├─────────┼─────────┤ ┘
│         │  负债   │         │         │  负债   │
│         ├─────────┤    →    │         ├─────────┤ ┐
│  资产   │ 净资产  │         │  资产   │ 净资产  │ │自我
│         ├─────────┤         │         ├─────────┤ │资产
│         │  收益   │         │         │  收益   │ │
└─────────┴─────────┘         └─────────┴─────────┘ ┘
```

券获得的资金，可以用来偿还购入该不动产时发生的长期借款，也可以通过这种方法将不动产从资产中剔除，以此优化资产负债表。

像这类将本来属于资产负债表项目的东西剔除出资产负债表的做法，叫作"表内资产表外化"。通过减少负债来提高自有资本比率，这种做法可以帮助企业优化财务内容，获得更高的外界评价。

此外，如果利润不变的话，则相应的资产收益率也会得到改善。资产收益率是年度净利润除以资产得到的。分母资产变少，那自然计算结果就会变好。用更少的资产获得更多的利润，这样的企业自然能够获得投资者的交口称赞。

在家庭财务中，像资产证券化这样的动作肯定不能实现，但如果说是提高资产流动性的话，我们还是可以做到的，这点前文已有提及。例如出售住房，或者不买车，出行改为打车，等等。这些方法从资产负债表的角度而言，也都可以说是表内资产表外化的具体做法。

如今的时代是追求给家庭财务瘦身的时代，除了非用不可的资产，其余的统统都不需要买。我们也应该顺应时代要求，**拿起黑客家庭理财簿，调整理财战略，努力提高自己的资产收益率。**

第三章

开支管理技巧

理财技巧 22

从会计学视角看企业重组的三个程序

我们在"家庭资产管理技巧"一章中介绍了压缩资产与负债。说到重组（Restructuring），大家首先想到的可能是大量裁员，但在会计学中，这种压缩资产与负债的过程，才是重组过程中最为重要的一环。

想要更深入地理解会计思维，就需要更深刻地理解这种重组程序。Restructuring 本身是重组、重建的意思，所以这里的重组指的是将整个企业重新组合的一个程序。然后，通过这一程序我们就能够理解会计作为反映企业实际状态的一面镜子是怎样成立的。

重组实际上有三个程序，分别是**财务重组、经营重组和投资重组**。我们在"家庭资产管理技巧"一章中接触到的是财务重组。除此之外，还有经营方面的重组，即将主营业务重新洗牌以及投资重组，也就是筛查拣选未来的投资项目。

这三个程序各有一个对应的主要财务报表。财务重组的任务是**对我们刚才看过的资产负债表（B/S）做瘦身**。我们在前面介绍的方法是出售资产，换取资金来压缩负债。这一做法的结果会导致利润表（P/L）上的成绩暂时性地恶化，但在某种程度上这也是无奈之举。

经营重组则是**对利润表的重审**，目的是为确保企业能够靠主营业务产生利润。大家印象中企业重组是调整人事，其实对应的是人事方面的重组。一般企业会压缩固定费用，或降低产品的成本。此外，

重组的三个程序

对象	行动	目的	对应的财务报表
财务	出售资产 压缩负债	财务健全化	资产负债表
经营 （主营业务）	压缩固定费用与成本 重审产品线	培养盈利能力	利润表
投资	回归主营业务 对未来的新产品、新业务进行投资	为长期发展布局	现金流量表

对于效益不太好的业务，要做出选择和合并（这部分与财务重组也有关系）。

而投资方面的重组则是要着眼企业的长期发展，**管理对未来发展所需的投资，也就是把管理现金流量表作为课题**。有些研发工作，虽然短期内很难见到成效不会带来收益，但却有利于企业未来的发展，那么这部分费用还是无法减少。如果这个环节出现纰漏，即使短期内企业的业绩得到恢复，那也是暂时性的，将来也难以为继。

在这一章，我们会一边介绍家庭财务中的"经营重组"技巧，一边学习其背后的利润表的结构。

理财技巧 23
营业收入与营业费用相减得出利润

那么我们来看一下利润表。一般来说，企业的利润表是像下面这样，将一定时间（2009年4月1日～2010年3月31日）之内的交易做出合计，然后将之反映到一张表上。

看利润表的时候，首先应该注意的地方是利润这个东西是由营业收入减去费用而得出的。也就是下面这个公式：

营业收入 – 费用 = 利润

这个公式是计算损益时的一大原则。

从营业收入中减去营业成本，得出毛利润，然后再减去销售管理费用，得出营业利润，加减营业外收入与营业外费用，得出利润总额，再加减特别损益后，就得出这一年的税前净利润。从这一连串的计算可以看出，收入与费用总是成双成对地出现。**利润表的原理原则就是将营业收入与营业费用配对思考。**

换个说法就是，如果你想要获得100万日元的利润，那么你需要考虑在提升50万日元营业收入的同时，削减50万日元的营业费用。

增加50万日元营业收入 + 削减50万日元营业费用 = 100万日元利润

将利润分解成营业收入和营业费用两个方面，我们就能找到具体措施来提高利润。比如在这个例子里，具体措施就是去思考如何增加50万日元的营业收入，同时又该如何削减50万日元的费用。这个思路

利润表（P/L）

（2009年4月1日~2010年3月31日）

	（百万日元）	
营业收入	2,500	⎫
营业成本	2,000	⎬ 营业损益
毛利润	**500**	⎬
销售、管理费用	400	⎬
营业利润	**100**	⎭
营业外收入	8	⎫
营业外支出	18	⎬ 营业外损益
利润总额	**90**	⎭
特别利润	7	⎫ 特别损益
特别损失	5	⎭
税前净利润	**92**	
企业税、居民税及事业税	32	
净利润	**60**	

的关键不是苦苦思索如何增加利润，而是将利润分解为收入与费用两个方面，双管齐下。

顺便一提，一般优秀的经营者都会说："企业不能以利润为目的，利润只是结果而已。"他们的话其实也在启示我们，只把眼光放在利润上，很难落实到具体行动上。

此外，有"管理之神"之称的彼得·德鲁克也曾说过："企业的唯一目的就是创造顾客。"其实他的意思就是：利润只是结果，企业不能把利润当作目的，而是应当把精力集中到如何创造顾客、如何让更多客户带来更多营业收入。

那么家庭财务又该如何应用这一原理呢？自然是提高家庭收入（营业收入）、减少生活费（经营费用）、最后才能让存款（利润）越来越多。如果想要存100万日元，那我们就需要和企业一样，同时从增加收入和节约支出这两方面入手，展开具体行动才能达到目标。

理财技巧 24

节约的钱 = 利润额 = 储蓄额

接下来，我们来看看损益计算公式：

营业收入 – 营业费用 = 利润

这个损益计算公式包含着两层意思：

① 100 日元的营业收入与 100 日元的利润并不是等值的

（即使提高营业收入，其金额与利润也不是对等的，因为还包含了费用）

② 100 日元的费用与 100 日元的利润是等值的

（压缩的费用能够直接转换成利润）

营业收入中包含了为提升收入而投入的成本，因此，即使有 100 日元的营业流水，这部分收入也不可能直接转化为 100 日元的利润。

不过，**费用却与利润等值**，你缩减多少费用，就等于赚了多少利润。由此可见控制费用是非常重要的。

说到家庭财务，严控费用就更加重要。一般来说，工薪阶层的薪水，也就是家庭的营业收入很难有暴涨的情况，因此削减与利润等值的费用也就是节流才至关重要。

家庭财务中的利润 = 节约下来的钱

在会计制度下，计入家庭利润表的利润，最终会改头换面为"留存收益（盈余公积和未分配利润）"转移到资产负债表的所有者权益中。

资产负债表（B/S）

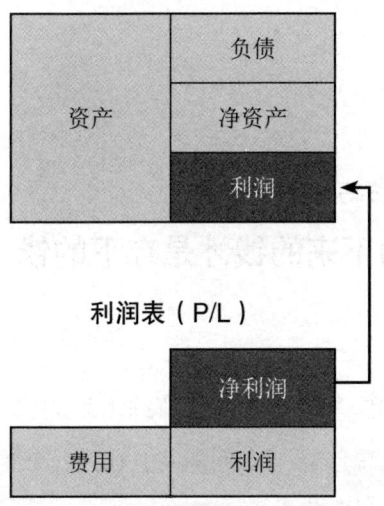

资产	负债
	净资产
	利润

利润表（P/L）

	净利润
费用	利润

利润表中的净利润要作为留存收益计入资产负债表中

此时，这个留存收益要与左侧资产部分的现金及存款等项目相匹配，达到平衡。

假设我们把所有留存收益都作为存款来管理，那么前文的公式还可以改写为下面这样：

家庭财务中的利润 = 节约下来的钱 = 储蓄额

如果你想要存上一笔钱，那么按照这一公式你就需要努力地省钱。如果你想存钱却又不想过得太节俭，这在家庭理财中是绝不可能实现的。

理财技巧 25
节约下来的钱才是存下的钱

说到节约,最基本的思路是"节约下来的钱才是实打实的钱"。

比如我们来想想这样一个问题:100万日元的商品打0.1折和1万日元的东西打5折,选哪个更划算?

可能很多人会选1万日元打5折的商品,但从绝对价值来说,100万日元打0.1折省下的钱是1万日元打5折的2倍,更加划算。100万日元打0.1折是1万日元,而1万日元打5折只有5000日元。

100万日元 ×1% =1万日元

1万日元 ×50% =5000日元

即便如此,还是有人会一不小心选了后者,从中我们可以看出两个有趣的事实。

一是**人容易被百分比迷惑**。如果从折扣率来考虑,人们自然会觉得折扣越高就越划算,但是从绝对值来看却并不尽然。

另一个是金额变大后,人对金额的感觉就会出现问题。比如一个国家或一个地方有780万亿日元的外债,而就算是有人误说成是870万亿日元,我们也不会发觉有多大问题。因为单位变成"万亿"后,我们对钱的感觉就会出问题。把量级换成780万日元和870万日元后,就能切身感受到它的变化。

类似这种对钱的感觉出现问题的情况,还有人们对早饭和晚饭的开销的看法。

早饭吃了 900 日元和晚饭在立式居酒屋花了 1000 日元，两者相比，你觉得哪个更便宜？可能不少人会不假思索地回答"晚饭在立式居酒屋吃的话，1000 日元很便宜了"。但是我很抱歉地告诉你，回答错误。因为从会计学的角度来看，早饭和晚饭并无区别，所以明显是 900 日元更便宜。

	参考点（判断标准）	晚饭问题
会节约的人	确定一个绝对值作为标准	无论晚饭还是早饭，一律按照同样的标准来衡量支出
不会节约的人	参考点随时发生变化	会觉得"吃晚饭的话，这算便宜的了。"

人们总是喜欢做这样的判断："就晚饭来说，这算很便宜了"或是"这顿还喝了点酒，这个价钱很划算了"。而会计看的只有绝对金额。

这一系列的错觉都是**参考点效应**造成的。也就是随着比较对象的不同，同样的金额，有时会觉得贵，有时却会觉得便宜。

而我们却不能被这种错觉迷惑。时刻不忘绝对金额才是节约的重点。

说到绝对金额，我们山田家夫妻之间订立了这样的规矩：3000 日元以下的购物支出都不需要经过家庭审议，可自行做主。

3000 日元以下的购物支出金额也就相当于跟同事去喝一次酒的钱，所以也没必要拿出来审议，说不定还会使夫妻之间产生不愉快。所以还是自由支配互不干涉更好。有些东西是无价的，是不能用金钱来衡量的。

就像这样，自己心里要有个准则，要事先定好衡量节约与否的标准，这是很重要的。像我家的情况就是，事先把分母定为 3000 日元，把标准定为确切的金额，用绝对值来判断才会真正地省下钱。

理财技巧 26

确立一年的节约目标

其实还有一个设定判断标准的方法，那就是设定一年的节约目标。事先定好一年的节约目标，就能清楚地把握每一次节约下来的钱会对达成目标贡献多少力量。**一年的节约金额目标，就是一个判断标准。**

例如我们打算一年省下 100 万日元。

这时，相比 1 万日元的东西打折多少，购买 30 万日元大型彩电时的折扣就是更重要的。此时如果我们能省下 5 万日元，那就等于是完成了 5% 的目标。而 1 万日元的东西，就算降到半价，那也只能算是完成目标的 0.5% 而已。

买大型家电的时候努力砍价更有利于年末目标的达成，这句话虽然有点废话的嫌疑，但我想强调的是，将分母设定为具体金额 100 万日元后，我们就能看清楚应该把精力用到哪些地方才能尽快实现目标。

这个节约目标的数额，放进前文的家庭财务利润公式中就能转换为利润，也就是储蓄额。我们不要盲目地高喊口号"我要尽一切可能存钱"，而应该设定具体目标，例如："我要存 100 万日元下来。"有了具体金额，目标实现的可能性才会更大。

顺便一提，黑客家庭理财簿中是在资产负债表上设定这一目标值的。我们通过设定资产目标，管理这期间的利润目标。省下的钱直接就能转换成储蓄额，从这一原则来看，我们无须用利润表管理每项支出，用资产负债表的余额法则来管理也是可行的。

黑客家庭理财簿的目标管理表

(千日元)

资产		7月30日	目标金额	差额
现金	钱包	59	60	−1
	柜子	100	100	—
银行存款	A银行	1120	1500	−380
	B银行	215	300	−85
	C银行	505	500	5
股票	总额	512	500	12
投资信托	总额	1498	2000	−502
债券	总额	—	—	—
其他		—	—	—
不动产	住房A	30,000	30,000	—
	住房B	—	—	—
其他		—	—	—
	①资产合计	34,009	34,960	−951

负债				
住房贷款		34,823	34,500	323
汽车贷款		—	—	—
银行卡贷款		—	—	—
其他		—	—	—
	②负债合计	34,823	34,500	323

净资产				
	①−②净资产	−814	460	−1274

> 在黑客家庭理财簿中计入期末目标金额,让自己随时注意到还差多少钱才能达成目标。这样一来,我们就能够直观地把握达成目标还需做出怎样的努力,家庭财务管理也更有效。

理财技巧 27
预存费用型预算管理术

难得这么认真地设定了节约目标，自然是希望能够认真地贯彻。可我们总是一不小心就多花了很多钱，这也是人之常情。

如果是企业，则需要相当严格地控制预算。若是支出超出预算，就必须事先获得上司的同意，有时甚至需要公司内部好几个部门同时认可才行。公司一般都有一套完整的控制预算的制度。**只有用钱的人与管理钱的人不是同一个人，才能严格把关，做好预算管理。**

可家庭财务的情况是花钱的人和管钱的人往往是同一个人。这样的模式就很容易让人妥协，遇到心动的东西时，就会想"算了，花就花了"。所以与企业相比，家庭财务从结构来说便很容易造成浪费。

而**预存费用型节约法**，就是一种能将这种预算管理变为体系的方法。我们可以事先定好预算，然后将这笔钱预存到 Edy[①] 之类的预存费用型 IC 卡中刷卡消费，只能消费事先存入卡内的钱。如果提前用完里面的钱，那剩下的日子就必须忍到下个月充卡之后才能用。

用现金支付不方便做预算管理，而使用预存费用型 IC 卡，我们就能很清楚地知道自己还剩多少钱可供使用。顺便提醒大家记得关闭自动充卡功能，这样我们才能知道预算在何时就用完了。

---

① 日本乐天公司推出的电子货币。使用者可通过 IC 卡或手机钱包支付。——编者注

IC卡有若干种类，我们可以根据不同预算项目同时使用多张卡片。交通费，用交通系统的IC卡；便利店，则用nanaco或WAON这类IC卡。总之就是根据不同项目设定不同预算，不同预算使用不同卡片。

使用IC卡还有一个好处，那就是花出去的每一笔钱都会留下记录。Suica可以查26周内的最近50笔花销记录，PASMO、nanaco可以查3个月之内的记录，WAON则可以查最近6个月的消费记录。就查询消费记录这点而言，Edy只能查询最近的6笔消费，功能略显不足，但很多地方都支持Edy刷卡消费，所以还是推荐使用Edy。

预存费用型IC卡的特点

	可使用的店铺和地区	查询消费记录	充卡金额上限
Edy	全国17万5000多个店铺可以使用	6笔消费	50,000日元
Suica	JR东日本地区之外，还有Kitaca（北海道）、ICOCA（西日本）、SUGOCA（九州）等	26周以内的最近50笔消费	20,000日元
PASMO	与Suica通用地区基本相同	3个月之内	20,000日元
nanaco	全国的7-11便利店、伊藤洋华堂、Dennys	3个月之内	30,000日元以下
WAON	永旺旗下的购物中心、迷你岛便利店（Ministop）	6个月之内	20,000日元（附带现金卡功能的卡片只是50,000日元）

（截至2010年3月19日）

理财技巧 28
日常生活中的陷阱："一杯拿铁的钱"

我们在"家庭资产管理技巧"一章中提到过"**看不见的负债**"。看不见的费用大多是由我们持有的资产中产生的，所以一般很难发觉。也正因为难以发觉，所以这部分费用是非常危险的。

在考虑如何节流的时候，也有必要将这些看不见的费用纳入计算范围。不过，这里想要强调的并不是与资产相关的费用，而是因生活习惯而产生的费用。如果一些开销变成了习惯，那我们在花钱的时候就会忘记钱正一点点从自己口袋里流失，这些钱就是难以察觉的费用。

例如，有人习惯每天到自动贩卖机去买上两罐咖啡喝，虽然一天的花销只有 240 日元，但日复一日，一年下来这笔支出就会变成 8 万 7600 日元了。

如果按照上文中的例子，从一年节约 100 万日元的目标来看，这笔钱占比居然达到 8.7%，也算是笔巨额开销了。如果你要去星巴克喝两杯拿铁（320 日元乘以 2），那这笔开销就更大了，一年要花掉 23 万 3600 日元。而同样按照一年节约 100 万日元的设定来看，如果你能忍住不去星巴克，那一年下来你就能完成差不多四分之一的目标，存下一笔钱。

这种不经意间花掉的小钱，David Bach 在其著作《自动成为百万富翁》（*The Automatic Millionaire*）中称为"**一杯拿铁的钱**"。他在这本书中指出，想要成为百万富翁，与其绞尽脑汁地去想如何挣大钱，还不如每天省下"买一杯拿铁的钱"。

有些花销一旦变为习惯后，就会让我们在不经意间把钱浪费掉。我觉得这是一种病，叫作**"爱花钱的生活习惯病"**。如果意识到钱包里的钱快要保不住了，我们或许还能控制想花钱的毛病，然而一旦花钱变成一种无意识的行为，花钱时你就不会有肉痛的感觉了，这时浪费造成的伤口就会越来越大。

这类因习惯而产生的费用，在企业会计中一般包含在运营成本当中。运营成本中的一些钱，或许刚开始还是有必要的，但是过了一段时间，状况一变，或许就不再需要了。然而人们很有可能会习惯性地一直支出。所以需要清楚地判断哪些是必要开销，而哪些支出是可以砍掉的。

若说还有没有其他"买一杯拿铁的钱"，我感觉在外喝酒的钱也算一个。你如果能去大型超市买瓶酒，自己回家自斟自饮，相信也能省下相当大的一笔钱。

与其在外喝酒增加一笔"运营成本"，不如用这些钱将自己的家装饰得更加舒适，在家里也能喝得怡然自得。长此以往，你将省下很大一笔开销。

理财技巧 29
租便宜的房子，降低固定费用

有些花销或许不像"一杯拿铁的钱"那样不知不觉从口袋溜走，但会让你明明心疼却也只能无奈放手，比如住宿费，大城市的房租尤为如此。这类地方的房租本来就很高，所以很多人会觉得在这类地方花一大笔钱租房是很正常的事。然而如果从绝对金额的角度考虑，我们首先应该节省的就是住宿费。

虽然时间不长，但我在纽约、日内瓦、硅谷都住过一段时间。在这些城市，我支出的住宿费用比在东京的花销还要高，现在回想起来真是痛苦的回忆。

总之，上述地方的房租比东京还要高，但住在那里的人们都觉得那样的房租是正常的。判断价格是否合理没有固定标准，很多人都不是以绝对金额来判断而是用相对的标准来判断。

东京的房租也是这种状态，所有人也都是以"大家都交这么多的房租"为相对标准接受了高额的房租。但如果你真想存一笔钱的话，那就必须放弃这种模棱两可的相对标准，要设定省钱目标，再根据这一目标确定绝对金额。

这么一来，生活在大都市圈的你可能就要住在郊区，而且房子也要尽量找小户型。但是如果习惯的话，你会惊喜地发现这也是可以适应的。

这种削减固定费用的方法，效果是很明显的。例如，就算你每月只省下 2 万日元的房租，1 年算下来，你也能省 24 万日元了。按照节约 100 万日元的目标来看，你就能完成目标的 24%，如此一来，10 年你就能省下 240 万日元[①]。

让我们稍稍改变观念，试着削减那些看似"合理"的支出。只需要这一点的改变，你就能提高家庭财务的盈利能力。

---

① 《让你想存不下钱都难的 5 个生活习惯》（托马斯·斯坦利著）中作者的建议是："住在能让自己获得最高收入的地方即可"。虚荣心是没有必要的，只要住在能方便自己省钱的地方就可以了。

理财技巧 30
小心掉进"非日常生活中的陷阱"

买一杯拿铁的钱是日常生活中的陷阱，与此相对的还有**非日常生活中的陷阱**。这个陷阱也是想要省钱的你必须绕开的危险地带。

这种陷阱就是**当我们被置于一种非日常生活的状态下，我们的钱包就会出现漏洞**。例如，去海外旅行的时候，我们就容易变得大手大脚。

比如平时你不做皮肤护理，但到了国外，你就会觉得"难得出来玩这一次"，于是就忍不住去做了美容。一到旅游胜地，我们乘兴而来，总不愿意败兴而归，总觉得要留下点美好回忆，在这种情绪的影响下，就算多花点钱也不会感受到花钱的心痛了。

不仅如此，国外的货币单位也不同，这么一来我们原来的金钱观念就完全失灵了，这也是造成浪费的原因之一。尤其汇率低的国家，兑换成当地货币后手中的钱就多了起来，于是顿时有种转眼变成有钱人的错觉，就会一时冲动买下许多东西。而到了最后一天，为了把手中的外币花光，又毫不犹豫地冲向免税店买下许多毫无用处的物品。

去一次演唱会就抱回许多纪念品也是类似行为。比如价格昂贵的T恤，正常情况下的你是绝对不会买的，可是到了演唱会现场就热血沸腾，觉得"只有在这里才可以买到"，冲动之下就买回了家。还有买回来再也不会看第二遍的演唱会画册以及同样不便宜的团扇。这一切都是因为演唱会是一个非日常的空间，在这种空间里你也会盲目消费。

节日庙会晚上的路边摊也是非日常生活的陷阱。不知为什么，当我们进入节日庙会这种非日常的空间之后，脑子里就会有这样的想法："比平时贵点也是无可厚非的。"平时只卖 100 日元的小吃，在庙会就卖 500 日元，即便如此你也会在心里告诉自己"今天是庙会嘛，不一样的"，然后以此为借口，挤走理性，盲目消费。

如果不想掉进这种非日常的陷阱，我们就需要时刻提高警惕，稳住心中的天平，坚强的意志力是最重要的。

理财技巧 31

了解豆大福^① 问题，破解利润的秘密

前文中我们介绍了一些削减费用的方法，但说起来到底什么是费用？对于这个问题，有几种理解方法。而理解方法不同，得出的答案也大不相同。

为了很好地理解这些思路，我想向大家介绍一个有名的问题。这是个很有名的问题，学会计的人都知道——豆大福问题。

那么先来第一题：有一种很畅销的豆大福，每天都会卖光。这种豆大福的生产成本是每个 30 日元，销售价格是每个 100 日元。有一天，有人一不小心把一个豆大福掉到了地上。请问他损失了多少钱？

① 成本价 30 日元

② 利润 70 日元

③ 销售价格 100 日元

每个答案看起来都很有道理。

现在让我们来看下一个问题：有一个面馆做一碗面的成本是 100 日元，售价是 300 日元。有一位客人一不小心打翻了一碗面，于是面

---

① 豆大福是一种糯米做的甜点，里面是豆沙馅。——译者注

馆老板又重新给他做了一碗。请问面馆老板损失了多少钱？

①成本 100 日元

②利润 200 日元

③销售价格 300 日元

还有一道题，讲的是一家出售甜甜圈的糕点屋。这家店生产并销售大量的甜甜圈，一个的成本是 30 日元，销售价格是 100 日元。每天，总会剩一些甜甜圈。这时，一个甜甜圈掉到了地上。这种情况下，糕点屋的损失是多少呢？

①成本 30 日元

②利润 70 日元

③销售价格 100 日元

大家心里已经有答案了吗？

我们首先来看豆大福的问题。这里我们可以这样思考：豆大福每天都会卖光，所以如果糟蹋了一个，那么就会失去获得 100 日元（销售价格）的机会。因此，正确答案是损失 100 日元。

这里的费用，我们称之为**机会成本（Opportunity Cost）**。如果你是公司经营者，相信这道题的答案你一定胸有成竹，而如果你对会计学的知识只是一知半解，那么这道题可能会让你头疼不已。

面馆的问题，答案是损失 100 日元（成本）。因为营业收入是不变的，变化的只是给客人做了两份拉面，所以可以看作增加了成本。

最后甜甜圈糕点屋的问题，这个问题有个小陷阱。其实正确答案并不在其中，正确答案是损失为零。因为他们家大量生产和销售甜甜圈，而且每天都卖不完，总会剩一些，所以掉 1 个甜甜圈到地上，最多就是少了 1 个卖不掉的甜甜圈而已。虽然成本的 30 日元确实浪费掉了，但是与面馆的情况不同,无须增加新的费用,所以可以认为他们家并没有产生新的损失。

这种已经发生的费用,我们称之为**沉没成本(Sunk Cost)**。对于与业务运行相关的经营判断而言,沉没成本的理念非常重要。

像这样,不同的情况下对损失与费用的认定都是不一样的。费用发生变化也就意味着利润发生变化。到底有多少利润,需要具体问题具体分析[①]。

三种不同的利润计算方法

	对营业收入的影响(①)	对成本的影响(②)	对利润的影响(①-②)
豆大福	-100日元	0日元	-100日元
拉面	0日元	100日元	-100日元
甜甜圈	0日元	0日元	0日元

三种不同的费用思维方式

费用的种类	特点
机会成本	由于某件事情而失去了原本应该得到的利润,并视之为费用。在做经营判断时,这种费用思维是非常重要的。
成本	生产商品而产生的费用。
沉没成本	已经发生的费用,但这类费用在做经营判断时可无视。

---

① 欲知详情,请参阅豆大福问题的出处《从豆大福分析开始学习损益入门》(中元文德著,中央经济社)。

理财技巧 32
做事之前，先计算机会成本

学会这种费用思维后，我们在遇到需要做决断的事情时就能做出合理的判断。

比如我们来思考这样一个例子——决定是否开始做兼职。

第一种情况，工作能力很强、忙得连睡觉的时间都没有的人。这种情况跟只要有存货就能售出去的豆大福是同一种情况。这类人只有减少用在本职工作上的时间才能挤出时间做兼职。换而言之，就是把本来能够在本职工作上做出成绩的时间分给了副业，这就等于是放弃了在公司挣加班费的机会，以及以后在公司升职的机会。如此一来就必须认真计算机会成本。

这种情况下，如果副业不能带来可观的收益抵消掉上面的机会成本，那就很不划算了。于是我们很快就能得出这样的结论：还是别做兼职为好。

另一种情况，如果是一个很闲的人开始做兼职，答案或许又不同了。本来就有大量时间没有有效利用，这下考虑用这些空闲时间来做兼职。这种空闲时间也就类似卖不出去的甜甜圈，即沉没成本（听起来或许有些凄凉）。这部分成本即使用在别的事情上也不算是费用，可以认为这部分成本带来的营业收入可以直接转化成利润。

做兼职效果明显，主要是因为从会计学的角度来看，生活费已经花出去，可以算是沉没成本，而利用空闲时间做兼职是不需要追加费用的。所以不需要追加额外费用就能提高收益的副业，对于家庭来说算是一大收入来源。如果是这种情况，我们的结论就会截然不同：做兼职还是可行的。

如果将这种费用思维加以运用，我们就能在需要做选择的岔路口做出正确的判断。

机会成本很容易被忽视，这点需要我们尤为注意。沉没成本和生产成本的产生都会伴随金钱流失；而机会成本是对机会假设后产生的假想的费用，所以不会伴随金钱而流失。正因如此，它才容易被人忽略。

但是，机会成本却是能够对我们的决策产生重大影响的一笔费用。考虑问题时需要将这一因素计算在内。

这里再给大家举一个例子：假设你想去美国留学获得 MBA 学位。当你计算成本时，你肯定不会忘记把学费和生活费计算在内，因为这些都是看得见的费用。然而，很多人却会忽视即将产生的机会成本。机会成本的思维方式是：如果不去留学，而是继续勤勤恳恳地在岗位上奋斗的话，你可以获得两年的薪水。而你留学了两年，这两年本应获得的收入就消失了，那么这两年的薪水就是你的机会成本。如果你的年薪是 600 万日元，你去留学的话，整体费用就像图中所示的结算结果。

	（日元）
学费	8,000,000
机会成本	12,000,000
合计	20,000,000

留学两年，你付出的成本是 2000 万日元。那么你就应该考虑，留学取得 MBA 学位到底值不值得。这确实是个让人苦恼的问题[①]。

就算金额不大，我们平时也应该养成这种计算机会成本的思维习惯，时时刻刻都要思考："如果不做这个的话，我能做什么来代替？"这种思维对于做出正确判断非常重要。

---

① 关于如何抉择，我会在第五章"投资技巧"中的"计算自我投资的回报率"一节做详细介绍。

理财技巧 33
锁定一个兴趣爱好

前文中我们看了如何通过营业重组来减少支出。为了提高盈利能力，在做经营决策时，决策者不仅要关注看得见的费用，还要斟酌看不见的费用，如机会成本。正确判断"不该做什么"，从而把精力集中到"该做的事情"上。我们就是通过这种**"选择与集中"**的程序，逐步实现企业的经营重组和家庭的省钱目标。

这个选择与集中的思路不仅局限于削减成本，它还包括将以往多方分散的人力物力财力汇聚到一处，集中火力专攻收益性最高、能够发挥自身强项的领域。通过这一手段，就能够改善公司经营体制，大幅提高盈利能力。

那么在家庭理财中，我们又该如何运用这一思路呢？如果你是上班族，那么基本上你的工作只有一个，自然能够将精力全部用在这唯一的工作上。可问题是工作以外的事情我们又该如何选择与集中呢？尤其是那些一不小心就能让你大笔支出的兴趣爱好，这个也想学那个也想了解，钱自然也是无限制地支出。为了杜绝这种现象的发生，我们最好是**只留下一个兴趣爱好**。

然后，我们再对这个兴趣爱好做缩减。假如你喜欢看电影，那就请你锁定自己爱看的电影类型，恐怖片、动作片、法国片等，按照类型分类，精准锁定，只看喜欢的类型，其他类型一概不看。这样一来，你又能成功地省下一部分钱。

然后对于这唯一留下来的兴趣爱好，我们也不能无休止地花钱，而是事先定好一个一年的预算，不能让兴趣爱好成为无底洞掏空你的钱包。关于预算，我们可以结合自己的工资与当年的省钱目标来确定。

而且，我们不能因为是兴趣爱好就不加节制地花钱，应该利用自己了解这一领域的优势，研究怎样做才能既省钱又能玩得尽兴。

例如，很多铁道迷都很了解怎样才能买到便宜的车票。总之，就是既要玩得省又要玩得高兴。

如果是影迷的话，就可以事先决定去几次影院，然后以此去申请影院的折扣。

像这种寻找兴趣爱好领域的"超值票"也是一种乐趣。只要注意别跑到另一个极端，变成"我可是花了大价钱才买到手的"就行了。

还有一个方法，就是**把兴趣变成工作**。把某个领域研究透彻，将其变成工作，获得收益，也是可行之道。这么一来，投入在兴趣上的钱也可以变成必要经费。不过这个方法却是一把双刃剑，需要注意。

我与文具咨询师土桥正共同出版了一本《文具黑客》（*STATIONARY HACKS！*），这位土桥先生就是把兴趣变成工作的人，喜欢文具，并以此为业。挑选文具、使用文具、并从中获得乐趣，这便是他的工作。

只是把兴趣变成工作的做法也并非百利而无一害。因为变成工作后，压力也随之而来，你可能就无法像以前那样轻松地面对自己的兴趣爱好。如果你把兴趣当作繁忙生活中的调剂，那么还是让它永远作为调剂而存在。

理财技巧 34

营业收入与费用（利润表的思维方式）

这一章我们了解到企业的利润和家庭理财中的节约。利润看似简单，其实计算起来非常繁复。让我们再来温习一下利润。用公式来表示就是下面这样的：

营业收入 − 费用 = 利润

从营业收入中减去费用就得出利润。或许有人会觉得这是理所当然的，但其实这个发现相当伟大，可以说是一次改变了人类生活的伟大革命。

在遥远的过去，人类都是靠自己来生产生活所需品，过着自给自足的生活。这种自给自足的经济制度下，"剩下的东西"和"多余的东西"只能扔掉，因为即使生产出更多的东西，只要自己用不完那就是无用之物。

然而当物物交换的习惯开始形成，货币也应运而生，这些多余的产物就进入了人们的视线。当生产出来的东西有了价值，这个价值通过货币来衡量，物品通过货币交换、保存后，长久以来一直被视为无用之物的"剩下的东西"，就慢慢变成了"利润"。

当人们能够将利润保留下来后，人类社会就实现了飞跃式的发展。利润这个概念非常重要，就算说人类的繁荣是从利润出现开始的，也毫不为过（这么说可能有些偏题，但人类战争的起源，也跟追求更多利润有关）。

而这种利润诞生的历史，则如实地体现在了财务报表的资产负债表与利润表中。

在利润表中，它作为期末净利润保留下来，然后被移入资产负债表中。而企业使用这些存留下来的利润购入更多资产，变得越来越富裕。人类社会的进步，事实上就是在不断重复利润的储蓄与再投资的过程中实现的。

现在回过头来看家庭财务，大家的家庭财务状况是什么样的？如果还是原始社会的"不存留消费"的话，那么家庭财务也不会有进步。

很多关于如何理财的书教给我们的第一步都是，在工资范围内尽量缩减费用，存下利润，因为这是经济活动的基本。

然后我们需要做的就是将这种利润表思维与资产负债表思维结合起来，融会贯通。

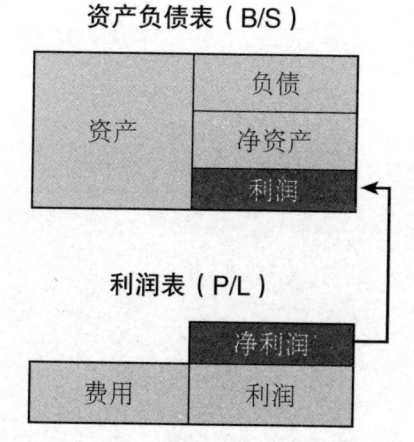

资产负债表（B/S）

资产	负债
	净资产
	利润

利润表（P/L）

费用	净利润
	利润

我们可以这样理解：利润表与资产负债表的关系，恰恰反映了人类积累财富的过程

第四章

家庭财务记录技巧

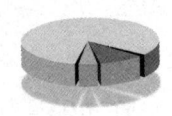

理财技巧 35

保存购物小票，家庭财务记录瘦身法

在"开支管理技巧"一章中，我们提到了"一杯拿铁的钱"，这类花销都是因为金额太小所以容易被忽视。如何将这些看不见的花销变成"看得见"的数字，就变得尤为重要。

问题有两类。一类是很难解决的问题。这类问题往往是各种因素交织在一起，明知道有问题，但却像面对一团糟乱的线团。

另一类问题便是看不见的问题。这类问题，如果我们能让其显形，就能轻而易举解决它们。可是，这类问题的难点就在于我们往往根本没有意识到它们的存在。

"一杯拿铁的钱"的问题就属于第二种。这些小额支出，我们想省的话肯定可以做到。可惜的是，我们很难意识到这些看似微不足道的开销其实能给生活带来很大的影响。如何让自己意识到这些问题的存在，就是本章的课题。

先说结论，**解决这类问题最好的方法就是"记录在案"**。只要记录在案就能有迹可循，就能发现问题的所在，从而反省自己的消费习惯。因为这类问题不是大问题，所以很快就能得到改善。

那么我们要如何记录这些开销？答案自然就是购物小票。什么时候在什么地方买了什么东西，这些信息购物小票上都有记载。所以没有比购物小票更适合记录开销的工具了。

只有保管好购物小票，我们才会在钱包莫名其妙空掉后找出其原因。一般来说，原因都在习惯性的浪费和冲动消费两方面，而帮我们找出原因的便是平时留意保存下来的购物小票。

购物小票有时甚至可以成为你的不在场证据，让卷入冤案中的你无罪释放。也许你会觉得仅凭一张购物小票就能让人沉冤得雪的说法有些荒唐，但是不可否认，购物小票确实能够提供准确的信息，让人知道你何时何地做了些什么[①]。如此重要的信息我们一定要好好保管，确保在想看的时候能立刻查阅。这样才能让人安心，而这种安心感是很重要的。

如此有意识地保存消费记录之后，我们就会慢慢意识到两件事，第一件事自然就是意识到自己的消费行为。

冈田斗司夫在《你以为我会胖一辈子吗？》中推荐一种有效的减肥方法：把每天吃的东西都记录在案，即"记录瘦身法"。把所有吃过的东西都记录在案，你就会发现自己到底吃了哪些东西，又吃了多少这些东西。当意识到自己吃了这么多东西后，你自然就会产生更强烈的节食意愿——这就是记录瘦身法的关键所在。

用保管购物小票的方法省钱，如果模仿冈田斗司夫的风格起名，那么也可以叫**"家庭财务记录瘦身法"**。通过记录消费让自己意识到平时忽略的开销，从而提高节约意识。发现问题，改变意识，解决问题，一切都顺其自然，这是一种"零负担"的家庭财务瘦身法。

---

① 可能有人会认为在做税务申报时必须提交发票，但其实购物小票上的信息更为详细精准，所以只要保管好购物小票就行了。

理财技巧 36
购物小票只管扔进去就好

至于该怎么保管这些购物小票，其实只要去商店买个差不多大小的盒子就行。拿到新的就放进去，小票自然就会按照时间排序，也不需要单独抽时间整理。你也可以买带插针的小票收纳器，这么一来，就不用再担心小票被风吹乱了，用起来也非常方便。

只不过有些购物小票暴露在阳光下太久，上面的字会消失不见。还有些小票，例如手机话费清单的尺寸都比较大。如果你不想让小票暴露在阳光下，或想把不同尺寸的小票整理收纳在一起，那么你也可以买用来装发票和明细清单的文件夹。

如果你不在意外观，那么买个透明文件夹，然后把小票放在里面就行了。透明文件夹有个好处，就是一眼能看到里面有多少小票。直观地把握小票积攒了多少，这样我们就能有意识地控制自己的消费欲望了。

在自动贩卖机或车站里的小店买东西，或是聚餐AA制付账的时候，可能就拿不到小票了，这时我们就可以去商店买本现金支出传票记账，然后再跟购物小票放一起保管即可。不愿用现金支出传票的话，用一般的便笺纸也可以。最重要的就是要把消费记录下来。

如此，看着购物小票越积越多，你就会意识到"我的支出还是很高的"。以往拿到购物小票我们一般随手扔掉，于是花了钱的事情也被我们忘到九霄云外。而现在**从小票积攒的厚度，我们就能一眼看出自己是否超支了。**

国誉 S&T 发票 & 明细夹（整理用文件夹） 　　Carl 事务器公司的插针收纳器

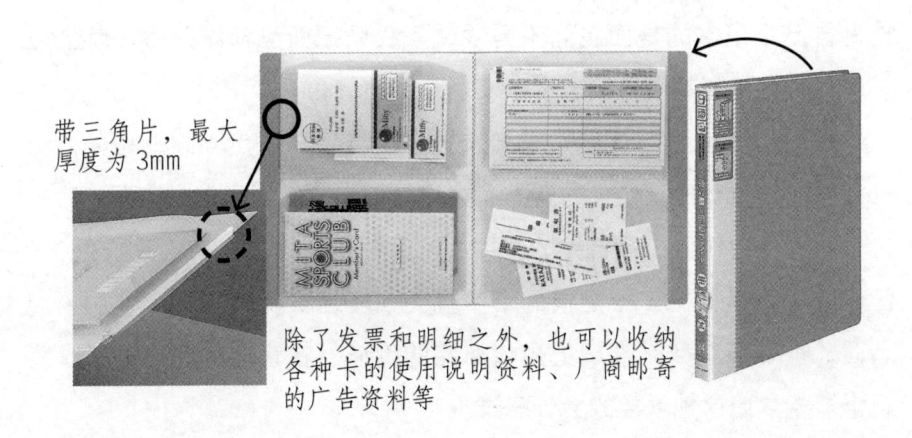

带三角片，最大厚度为 3mm

除了发票和明细之外，也可以收纳各种卡的使用说明资料、厂商邮寄的广告资料等

理财技巧 37

意识到现金都变为了何物

通过保管购物小票，我们还能意识到一件事，那就是"**购买商品的行为，其实是通过货币做等价交换的行为**"。

对于许多人而言，买东西就是自己消费然后获取商品和服务的过程。想买1个面包，于是支出了100日元，在拿到面包后，我们就会觉得自己手里拿的是面包而不是钱。等我们把面包都吃掉后，就会连买过东西这件事都慢慢淡忘了。

然而如果按照会计学的思维来思考，结果却截然不同。首先，面包会被视作100日元换来的商品而被记录下来，然后当你吃掉面包后，这个面包也会作为100日元的费用而留下记录。如此一来，我们用100日元的货币换取了1个面包的事实就会如实地被反映在纸上。购入商品后，也要通过数字准确把握该商品的价值。在管理家庭财务时，我们也需要掌握这种重要的会计思维。

养成保管购物小票的习惯后，你应该就切实地感受到自己逐渐地具备了会计思维。花出去的钱变成了购物小票，然后被保存在文件夹里。看着越积越多的小票，你就会产生这样的感受："原来那天花出去的钱，都变成这种东西。"这种感受，便是记录消费的关键。

因为它能让你意识到一种**因果关系：因为买了些什么（原因），所以钱包里的钱少了（结果）**。

记录瘦身法其实就是这样的原理。通过记录自己吃过的食物，我们就能清楚地把握"因为吃了什么，所以体重才会增加"的因果关系。既然看清楚了前因后果，自然也就知道该如何节食、如何减肥了。

　　家庭财务也是如此。通过保管购物小票，我们事后就能了解这种因果关系。如果将这种方法与余额法则配套使用，我们就不用费力地计算每笔开销了，只要把消费记录保留下来就足够了。

　　这种将原因和结果相结合的方法，其实是会计学发展史上的一大发现，也是一个历史性的转折点。有了这种思路后，会计学才发展到了今日这样高的技术水平。

理财技巧 38
复式记账法的会计思维

同时记录金钱流入流出的原因与结果，这一发现让会计学实现了巨大进步，这种方法被称为复式记账法。

在复式记账法被发明出来之前，人们一直采用的是单式记账法。单式记账法基本上只能记录现金的进出。

例如，我们买了 1 台 20 万日元的电脑。单式记账法的记录方法是：

现金 30 万日元 −20 万日元 = 余额 10 万日元

而复式记账法的记录方法却如图所示，能够清楚地记录现金与设备的交换情况（这种记录金额的方法，叫作会计分录）。

设备	20 万日元	现金	20 万日元

将两种记账方法对照，一看就能看出单式记账法只记录了数字上的变化，我们只知道支出了 20 万日元后手里少了 20 万日元。然而复式记账法就能将花出去的 20 万日元最终变成了 1 台电脑设备，并拥有 20 万日元的价值的这一过程记录在案。也就是**同时将现金减少的原因**

和结果都以数字的形式留下切实的记录。

用保留购物小票说明就是这样的情况：

①单式记账法的消费习惯

小票直接扔掉，钱包里的余额越来越少，却不知道到底钱花在了什么地方。

②复式记账法的消费习惯

为了意识到用钱换取了什么东西，而将购物小票保留下来，在花钱的时候，能意识到钱包里的钱改头换面变成了另一种东西。

期初余额①
收入②
支出③
（①+②）-③=期末余额

哪一种消费习惯更好，一目了然。而且复式记账法思维的好处，并不只是让我们能够理性消费。

让我们看看单式记账法最终的计算结果是如何的：单式记账法会将每笔现金交易都记录下来，在期末的时候，通过最终计算形成收支报表。

收支报表确实能让我们清楚一段时间内的收入与支出，也能告诉我们手里的现金余额还有多少。但现金之外，资产是如何减少的却不得而知。这与前文中的购买电脑的例子一样。

那么复式记账法情况又有何不同？

复式记账法的最终计算结果会变成资产负债表和利润表。资产负债表中的新增资产记录，而资产负债表的左边记录了手里还有多少资金。

此外，为了获取资产而周转资金的情况也被记录在案。例如，贷款买房的时候，资产负债表的资产虽然会增加，但同时负债也有增加。

这种记录方法对于企业尤为重要。因为企业的资金原本就是股东投入的钱（资本金）和从银行借来的钱（借款）。复式记账法能够记录这些从别人那里获取的金钱如何使用，因此对于企业会计而言是必不可少的。

复式记账法的英语是double-entry bookkeeping。既然是double-entry，自然就需要做两个记录。这两个记录便是"资金的来源"和"资金变成了什么"。**这种把花钱的"原因"和"结果"配套记录的做法就是复式记账法。**

只看结果无法了解事情全貌。不仅限于会计，世上发生的所有事情都是有果必有因。只有正确把握了原因，才能真正地看清楚事件本来的意义。有本书叫《原因与结果法则》，可以说是自我启发类书籍的鼻祖。这本书正好完美地诠释了找到真正的原因就能拥有改变人生的力量这一道理。

看到这里，相信各位读者也能很好地理解，为什么这种运用了同时考虑原因和结果的复式记账法会推动会计的巨大进步。

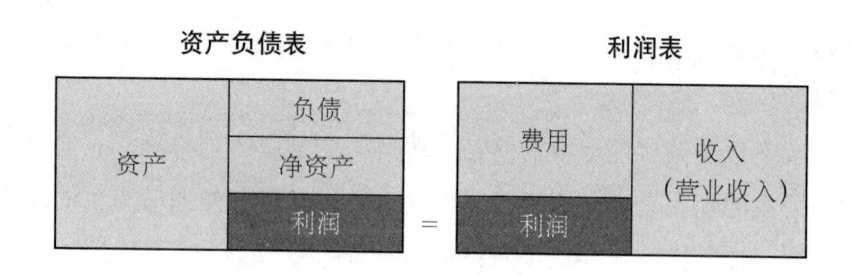

理财技巧 39
福泽谕吉最大的错译？
理解借方、贷方的方法

在学习这种复式记账法的时候，很多人都会混淆两个术语。这两个词就是**借方**和**贷方**。

例如，资产负债表和利润表，左边是借方，右边是贷方。

在资产负债表中，为什么自己拥有的资产是借方，而明明是借来的负债却是贷方？净资产也在贷方里，到底是贷给了谁？

利润表中也很让人费解，费用在借方，而营业收入是贷方，这种说法的根据又是什么？为什么营业收入增加时，要分借和贷？让人十分费解。

这种借贷关系十分不明确，以至于很多人都痛恨翻译出借方、贷方的福泽谕吉，也有人说福泽谕吉一生译作无数，一世英名却单单毁在这两个单词上。

这两个词，借方的英语是 debit，而贷方是 credit，单看英语还是很好理解的。

借方是 debit，所以请大家想象一下使用借记卡的情况。我们在买东西的时候，购物的钱可以马上从银行存款中取出来。可以直接支取自己所拥有的资产的借记卡（Debit Card），可以说是借方（debit）的卡。

而另一方面，贷方是 credit，那么请大家想象一下使用信用卡的情况。购物的钱不是立即支付，而是保留一个月，每个月结算。在每个月结算之前，这部分钱都是作为支付债务记录在右边。之所以可以用这种方法支付，原因在于有信用（credit），这种交易相当于信用交易。进行信用交易的信用卡，可以说就是贷方（credit）的一种卡。

即便如此还是有些不好理解的地方。例如，利润表中的借方和贷方，用英语的 debit 和 credit 来考虑，也很难理解为什么费用和利润算是借方，而营业收入却是贷方。

资产负债表中的借方、贷方

（借方）	（贷方）
资产	负债
	净资产

利润表中的借方、贷方

（借方）	（贷方）
费用	收益（营业收入）
利润	

资产负债表中的自己的部分和别人的部分

（自己家）	（别人家）
资产	负债
	净资产

利润表中的自己的部分和别人的部分

（自己家）	（别人家）
费用	收入（营业收入）
利润	

因此，我们需要一个更好的方法来弄清楚这个关系。于是我们可以这么理解：**借方是自己的部分，而贷方则是别人的部分**。

这么一来，是不是资产负债表的借方和贷方也更好理解了？资产是留在自己手中的东西，是自己的部分。负债里记录了我们从别人那里借来的钱，所以负债里的东西是别人的部分。而净资产一般都是出资者放在我们这里的钱，至于这个出资者，自然也是别人的部分，所以也很好理解净资产为什么是贷方。

然后再看利润表，营业收入增加，是因为将东西销售出去了，所以应该记录到别人的那部分里。而另一方面，用在自己身上的费用和留在自己手中的利润，自然就应该记到自己的那部分里。

复式记账法的分录，就是如此将账目一分为二，变成自己的和别人的两部分，然后不断将交易情况记录下去。

理财技巧 40

购物小票无须细分，只分"必需品"和"非必需品"

如此，复式记账法的分录是将所有会计上的交易都分为借方和贷方记录在案。并按照这个规则，将资产负债表中资产（借方）、负债与净资产（贷方）的变动记录下来。

说到传统的家庭理财簿，其做法一般是留下购物小票，然后按照伙食费、服装费、书籍费用等分类。如果按照复式记账法来分录，就是图中这样的：

借方（自己的）		贷方（别人的）	（日元）
水电气费用	1400	存款（自动扣缴）	1400
日常消耗品（买入文具）	945	现金	945
车辆相关费用（汽车加油）	4420	现金	4420
交际费用（约会花销）	6800	应付账款（信用卡刷卡消费）	6800
房租	125,000	存款（自动扣缴）	125,000

这个表格里的水电气费、日常消耗品等项目，叫作记账科目。在

企业会计中，所有交易都要根据不同记账科目记录在案。每次交易都要在贷方（别人的）里面，记录支付给对方的现金和存款、应付账款，而在借方（自己的）里面，记录由这些金钱换来的产品与服务。

但是如果管家里的钱也按照这种方法操作，估计会十分辛苦。与企业不同，家里的钱其实不需要做如此精细的管理，所以应该找更简单实用的"分录"方法。

这里就向大家推荐一个简单的二分法，只有两个项目："必需品"和"非必需品"。操作起来也很简单，找两个盒子，一个写上"必需品"，一个写上"非必需品"，然后将保留下来的购物小票分类装进去就可以。

留下小票、分类、放入盒子，就这么简单。但即使方法如此简单，也能让你充分反省："下次不能再这么乱花钱了"。这个过程，其实就是所谓的 PLAN → DO → CHECK → ACTION（PDCA）循环中的 CHECK 环节。有不少东西，买的时候我们认为可能用得着，但是过了一两个月再看，发现其实根本就用不着。为了日后反思这种消费习惯，我们就需要区分必需品和非必需品。

所谓的冲动消费，很多情况下就是当时认为"用得着"，所以一冲动就买了。而等热情退却后，再冷静地回头看看，我们就会发现自己确实又乱花钱了。**将购物小票保留下来，分为必需品和非必需品，就能让我们在日后反思自己当时的消费行为。**

我目前实际使用的"必需品"和"非必需品"盒子

理财技巧 41
制作"浪费清单"

为了改掉乱花钱的毛病,让这些归类到"非必需品"项目下的购物小票越来越少,我们还需要更进一步制作"浪费清单"。

通过将容易盲目消费的东西写到清单中,**不仅能够让自己意识到这些浪费的坏习惯,还能升华成具体的行为准则**。按照PDCA循环来说,就是从CHECK的环节更进一步到ACTION的环节。

实际行动很关键。而这张清单能发挥巨大作用,规范自身的行为。

为了确保清单能够发挥强制规范力,我们还要计算购买的商品中有多少是盲目消费,算出一年的总额。如此一来,想必各位都会被自己大手大脚的消费习惯吓一大跳。如果能把这样一大笔钱省下来的话,也就不会有太多浪费了。

浪费清单

1	易拉罐果汁
2	咖啡店的咖啡
3	看一半就束之高阁的书
4	没有意义的聚餐
5	深夜回家的打车费

我们做出的这张**浪费清单**，其实也是我们**自己的弱点清单**。若是企业的话，弱点就是高成本。企业没有企划能力，则需要将企划外包，这就需要支付额外的外包费用。而如果企业生产能力不足，制造费用自然就会攀升。而个人的浪费习惯，就是个人的弱点。

说起来，日本制造业的强项就在于浪费少，这些企业都专注于如何减少浪费，提高效率。

这个浪费清单要尽量放在显眼的地方，可以写到随身笔记本里，也可以贴在冰箱上，或放在钱包里，随时提醒自己。如此一来，当你又想购物时，这张清单就能够提醒你及时停止。

一年的浪费金额

（日元）

		1次	1个月	1年
1	易拉罐果汁（1天1罐，20天）	120	2400	28,800
2	咖啡店的咖啡（1天1杯，20天）	320	6400	76,800
3	看一半就束之高阁的书（1个月1本）	1500	1500	18,000
4	没有意义的聚餐（1个月1次）	3500	3500	42,000
5	深夜回家的出租车费（1个月1次）	5000	5000	60,000
	合计			225,600

理财技巧 42

只贴购物小票的家庭理财簿

家庭财务记录瘦身法只需要保存购物小票就算是"记录"了。如果你觉得这样做未免浪费了保留下来的购物小票,不如再好好利用一下,发挥发挥余热,那么可以用一下"只贴新的购物小票的家庭理财簿"。

打开这本理财簿,可以看见左右两页一共有 6 个柱状图。最下面是 0 日元,越往上金额就越高。最高金额设定了三种,分别是 1 万日元、2 万日元和自定义。

理财簿使用方法非常简单,拿到小票后,对比柱状图从下往上找准金额刻度贴上去即可。例如,你有一张 2000 日元的小票,则找到 2000 日元的刻度贴上去。之后又拿到了一张 500 日元的小票,则 2000 日元 +500 日元 =2500 日元,把小票贴在 2500 日元的刻度上。就这样计算小票的合计金额,然后顺着柱状图从下往上贴在相应的刻度上。

这么一来,只要看看最上面的小票贴在什么位置上,就能马上知道总共花掉了多少钱。

预算管理非常简单。假如每个月最多只能花 8000 日元,那么我们就可以像图示中显示的那样,在多余的 2000 日元的横格部分做标记"×",然后在贴小票的时候,只需要注意别超出预算贴到做了标记的地方就行了。一旦发现小票的刻度超过 8000 日元红线,我们就能很快知道自己这个月的花销超出预算了。

用"只贴新的购物小票的家庭理财簿"轻松管理预算

实际贴上小票就是这样。"事先用马克笔标出预算红线"也是这本书里提到的技巧

　　左右两页的6个柱状图还可以做不同的分类,比如伙食费、日用品、服装费、书本费等。我们可以根据自己的生活方式分类,让每个柱状图表示不同的花销方向。

理财技巧 43
存折留下开支记录，开设储蓄用账户

家庭财务记录瘦身法不仅可以用购物小票，还可以用银行存折。而且，存折留下的消费记录作为第三方记录比购物小票更具法律效力。不同于购物小票的是，银行存折一般不会丢，而且会自动计算存款余额，所以它是比购物小票更强大的一种记录方式。

对于可以从银行账户直接扣缴的开支，最好还是通过银行缴费的方式支付，这样就能够在存折上留下记录。不仅如此，房贷等支出一般也应该是从账户上直接扣钱。

除此之外的开销，比如几百日元级别的消费都太过琐碎，用一张存折为这类消费买单，未免有些小题大做。但是，如果是几万日元的购物消费，还是在账上留下记录的好。

我们可以利用银行的借记卡进行支付，这种现金卡非常便利。在家电量贩店买大件产品时，不仅不用小心翼翼地拿着巨款前往，消费记录也能如实记录在案。

这就是用银行存折来记录消费的方法：

- 自动扣缴水电气、通信费
- 自动扣缴房贷等

- 提取生活费

  我们得给自己立个规矩，每周只取一次钱，每次只取本周所需的生活费。

- 在可以刷借记卡的店里买高档商品

这种将消费信息记录在存折中的方法，也会给家庭财务带来瘦身效果。

此外，除了这种记录方式还推荐一个技巧，那就是**单独开设一个储蓄账户**。虽然购物时，钱不断地从账户里流出，但节约的话，总归是会剩下一部分。而这部分剩下的钱，我们就需要转到另一个账户里存起来，也就是前面说的专门用于存钱的账户。

之所以这么做，是因为如果不区分储蓄用账户和供日常开销用的账户，把钱都放在一个池子里，那你肯定会一不小心就把钱都花掉了。想存钱就不能止步于"想"，还要落实到行动，只有从数字上区别对待分属两种功用的钱，才能真正攒下钱。

如果你还想做些投资，那么建议你再开设一个投资专用账户。专门开设一个账户后，你就能够清楚地看到投资金额的变化，也就能清楚地看到自己的收益如何。还要告诫大家，千万不要把投资账户跟存钱专用账户合二为一。不然的话，等你投资出了问题，就会忍不住把原本想存起来以备日后使用的钱也投入进去，越想回本，损失越大，最终也只能造成更大的失败。

三个银行账户

●日常开销专用账户（用于日常消费）

●储蓄专用账户（绝对只进不出的账户。这个账户的钱是以备日后使用的）

●投资专用账户（可以用于投资的富余资金账户）

如此，三个账户各司其职，就能很好地将家庭财务记录瘦身法贯彻下去了。

理财技巧 44
分类使用信用卡

说到分类使用，**分类使用信用卡也很适合用来记录开支**。如果将不同卡用作不同目的，那么每个月银行寄来的明细账单，就能直接用来管理不同目的的消费支出。

例如，拿一张信用卡单独管理旅行和出差的开销，这样想查支出了多少钱时，都能随时查到，而且要计算一年的消费总额也是立刻就能做到的事。如此一来，出差后跟公司报销费用时，也不会有遗漏了。

不仅如此，它还能帮我们看清楚"非日常生活的陷阱"，非常方便。前面我们说到大家去海外旅行，很容易就会变得大手大脚，总觉得"难得出来一趟，不买可惜了"[①]。如果专门拿出一张卡来负责这种非日常的开销，回国后就能很容易地了解自己当时购买了多少东西，又掉进了多少陷阱。如果这类"非日常"开支和日常开支都放在同一张卡里，我们就会失去督促自己的证据。

其他的，比如你想按月管理某一类别的开支，也可以使用信用卡。比如我买书时，无论是在书店还是在亚马逊，我都用一张特定的信用卡付费。这样就可以轻松地计算出每个月支出了多少钱用于买书。

如果只在特定的网店买东西，自然会留下购买记录，但如果是在

---

① 参考"开支管理技巧"一章中的"小心掉进'非日常生活中的陷阱'"。

多家网店买东西，或一部分是网上购物而一部分又是在实体店购买的话，就很难留下清晰的记录了。不过，即使买东西的地方不一样，只要我们用信用卡消费，就能把全部消费情况都记录下来，方便我们做预算管理。

理财技巧 45
委托他人管理家庭账本

如果你觉得统计这些开支太麻烦，也可以寻求他人的帮助。如果你是已婚人士，可能你会惊喜地发现，你的另一半很高兴帮你做这件事。

许多人对于别人花了多少钱，都有想要一探究竟的好奇心，更不用说是自己的另一半了。如果你没有管住自己，盲目购物，却被另一半发现了，估计他／她会痛骂你一顿。没有比这更强力有效的监督机制了。如果你花钱过多，估计就会被列入"保留观察"对象，有另一个人一直在旁边提醒你，相信你在购物时也会收敛一些。

不过，如果因为这种事情而爆发了"家庭战争"的话，也不利于心理健康。所以如果你觉得还是委托给完全不认识的人来做比较好的话，也可以利用最近流行的代做家庭账本服务。

Moneygement 网站专做家庭理财管理，代理制作家庭账本。一个月你只要交付 5000 日元，这家公司就能帮忙制作家庭账本。只要将购物小票、发票之类的材料邮寄过去，这家公司就能帮助我们制作家庭账本，而且还会免费附赠财务规划师的专业建议。

这样就能节省许多时间。如果你是单身，那你的家庭账目很好管理；但如果你已经成家，要同时管理全家人的开支，这就是一项费时费力的劳动了。不仅如此，你还要考虑如何在家里贯彻省钱政策，还要想想怎样才能教会其他家庭成员学会合理消费。如果把这些工作量都计算在内，执行起来将会十分困难。然而这种代理制作账本的服务，只要你把全家人的购物小票集中到一个小盒子里，每个月邮寄一次就可以了。这样的话，记账的任务也就不难完成。

理财技巧 46
钱要优先用在自己身上

像这样不断记录自己的支出，我们就能清楚自己到底支付了多少钱，同时也会产生这样的心情："我如此大手大脚，肯定无法存钱。"不仅无法存钱，还要为了各种开支努力工作，这种活法或许太不明智。

然而能称为有钱人的人，他们的思维却完全不一样。在提到买一杯拿铁的钱时，我向大家介绍了一本书《自动成为百万富翁》（The Automatic Millionaire）。在这本书中，富豪夫妇有这样一段话：

"许多人在领到工资后，大多都是先还账单的钱……如果还有些结余再存起来。也就是说，先把钱付给别人，最后才是付给自己。我父母曾对我说，如果真的想在游戏中获胜，那就必须把这个顺序反过来。首先把自己的那部分钱预留出来，然后才是拿去还账单或用于其他开销。"

钱要最优先使用在自己身上。虽然很简单，但这就是你是否能够成为有钱人的分水岭。这本书的观点是自动成为大富翁的方法，也就是工资账户中设置预扣款。

如果在先将钱支付给别人这一状态下存钱，你就只能为了存钱而做预算管理。然而这种预算管理不仅费时费力，还很难坚持，一不留神开支就会超出预算。这种做法要求你要有很强的忍耐力，眼看着钱却不能花。

而预扣款就不一样，在你看见钱之前就已经预付给了自己，所以可以看作"本来就没有这笔钱"，然后在这种状态管理自己的开支。如此一来，你也不需要费力地做预算管理，只要考虑如何依靠手上的钱过日子就行了。

前文介绍了开设多个银行账户的做法，其实这里你也可以给自己开设一个专门用来自动转账的存款账户。

就连日本的亿万富豪本多静六也推荐这种自动划账的方法。他在自己的著作《我的财产告白》中也介绍过**本多流派的"四分之一自动转账存钱法"**。换句话说，也就是工资到账后，立刻自动将四分之一的钱转账到存款专用账户里。

本多静六在大学就职，从他开始领工资后，亲戚们就开始靠他的收入生活，所以他每个月生活都十分紧张，无法存钱。于是他认识到这么下去不是长久之计：

"想要战胜贫穷，首先需要思考的是从自己这一方主动进攻，干掉贫穷。不能受贫穷所累被动地勒紧裤腰带过日子，而要积极地、自发地勤俭节约，必须反过来压制住贫穷才行。"

于是他便开始了"四分之一自动转账存钱法"。

虽然说法不一样，但其实这种做法和优先花钱给自己的做法相同，都强调不能陷入被动，应该主动存钱。

不过话说回来，要真让我每个月自动转存四分之一的收入，那我就无法维持生活了。所以最开始起步的时候，可以尝试转存 5%；等到工资涨了，生活逐渐有富余了，再慢慢提高百分比也不迟。

无论如何，自动转存的存款方法便是成为有钱人的不二法则。

理财技巧 47
复式记账法与因果关系

"剩下的钱怎么比我想的还少？"——可能谁都有过这样的焦虑。然而，令人意外的是却很少有人会去追究原因出在哪里。很多人只关注结果，也就是"没钱了"，却从未抓住重点，去想想到底是为什么。

减肥也是如此，很多人总是会自动忽视吃得过多才导致长胖的因果关系，而注意到的只是眼前的结果。这样是永远都无法减肥成功的。因此冈田斗司夫才会建议大家使用记录瘦身法，把一切都记录下来，从中找出原因，然后才能真正减肥成功。

从这点来看，其实会计也是一样的。**使用复式记账法这种方法，就能记录金钱流动的原因和结果，就能从会计学的角度来审视公司经营是否合理。**

在家庭财务管理中，实践复式记账法十分麻烦，所以向大家介绍了一个简易的"分录"方法，区分"必需品"和"非必需品"。如此简单的两分法也能发挥作用，因为这种方法能够让我们正确把握金钱的因果关系，促使我们反思金钱换取来的结果是否真的具有价值。

而我们根据这种因果关系，事先预定好结果，这个方法就是优先转账给自己的自动转账储蓄法。正常的家庭财务中都是先有原因，后有结果，而这个方法却是事先确定利润，用自动转账的方法来确保结果不变。

接下来，就是把造成这一结果的那部分费用管理好。如果说"家庭财务记录瘦身法"是控制原因，那么自动转账储蓄法就是**预先确定结果，加以控制，以此实现财务瘦身**的方法。

在这一章里，我们介绍了两种方法，一种是记录原因的家庭财务记录瘦身法，另一种是事先确定结果控制开支的方法。我们可以任意从两种方法中选取一个进行实践，或是将两种方法组合使用也会有意想不到的效果。建议大家在管理家庭财务时，一定要尝试一下。

黑客家庭理财簿的制作步骤

Point

以往的家庭理财簿都是基于利润表设计的，
而黑客家庭理财簿是基于资产负债表设计的。
从利润表向资产负债表的思维转换正是黑客家庭理财簿的重点！

1 基本法则 （三大法则及其效果）

① 现金余额法则
（用钱包里的现金余额计算开支） → 存钱罐效果

② 纸币法则
（以千日元为单位把握大概金额） → 经营者视角效果

③ 随意法则
（每隔一周或一个月记录和计算开支） → 家庭财务快照效果

用这些基本法则与麻烦的家庭理财簿说再见。

2 黑客家庭理财簿的记账方法

Step1 记录资产
　　　A 记录流动资产（现金、存款、股票等）
　　　B 记录固定资产 [住宅（现在的市价）等]
　　　A+B= 资产合计

Step2 记录负债
记录并计算房贷、教育贷款、车贷等长期贷款

Step3 计算净资产
资产合计 − 负债合计 = 净资产

3 固定资产与负债的计算 （三大法则及其效果）

① 贷款余额法则
（注意贷款余额与资产残存价值是否平衡）
→ 财政紧缩效果

② 固定资产零残值法则
（无论是汽车还是电脑，超过使用年限后，资产价值就应该按照零残值计算）
→ 明智购物效果

③ 固定资产换购法则
（买房并不一定是最合理的，有时候租房更经济实惠）
→ 固定资产流动化效果

＊ 这些日常技巧是黑客家庭理财簿的前提

> **Point** 用购物小票和存折记录消费！

A 购物小票 （基本做法是不丢弃，保存下来）

·分类·收集……充分利用插针小票收纳器、装小票或购物明细的透明文件夹等文具→购物小票不用细分，只需分为"必需品"和"非必需品"即可。

·效果…………用购物小票的厚度来将开销状况变得"可视化"→发现浪费→节约

制作浪费清单、使用"新·只贴购物小票的家庭理财簿"

B 银行存折 （基本做法是支出都用银行转账的方法）

·开三个银行账户
①日常开销专用账户（用于日常消费）
②储蓄专用账户（绝对只进不出的账户。这个账户的钱是以备日后使用的）
③投资专用账户（可以用于投资的富余资金账户）

第五章

投资技巧

理财技巧 48
用钱赚钱，摆脱无意义的竞争

前面已经向大家介绍过，通过使用黑客家庭理财簿和财务记录瘦身法确保本期净利润，并慢慢积累起来。

这时利润会作为留存收益加入净资产行列，这部分资金当然可以用存款的形式存入银行里，但是身处如今这个"低利息时代"，就算存了钱也别期待可以获得多少利息。

我们总能听到这样的说法："与其自己工作，不如让钱为自己工作。"平常我们都是勤勤恳恳，用劳动换取钱财，但劳动时间有限，收益也有限。罗伯特·清崎在《富爸爸，穷爸爸》这本书中，将这种为钱而辛苦工作的方式叫作"**老鼠赛跑**"。

想要摆脱"老鼠赛跑"的怪圈，就不能依靠自己工作，得让钱来为自己工作。这就是富爸爸的智慧。

听到将工作说成是"老鼠赛跑"，或许有人会觉得反感，不过我这里说的老鼠赛跑指的是为了生活不得不委屈自己做不喜欢的工作，也就是作为义务的工作。

如果现在给你一大笔财产，可以让你一辈子生活无忧的话，你还会继续现在的工作吗？或许很多人会回答"不"。如果是这样的话，那就说明他们现在的工作，多多少少都带有一些"老鼠赛跑"的性质。

如果可以完全不为生活奔波的话，那么你的人生就可以用更多的时间去做自己应该做的事情或一直想做的事情。提及"摆脱老鼠赛跑怪圈，获得财务自由"，可能很多人脑子里浮现出的都是好吃懒做的颓废生活，但实现财务自由后，我们才有更多的时间去做自己更想做的事情，让自己的生活更加丰富多彩。

想要获得财务自由，最重要的一点就是如何让钱更好地运作，也就是我们该如何投资。本章我将会向大家介绍一些行之有效的投资技巧。

理财技巧 49
不存在低风险、高回报的投资

提到投资技巧,可能有人会期待我介绍些什么投资的"秘诀",怎样以极低的风险,获取极高的回报。然而现实中是没有如此好的投资存在的。

不对,可能多少还是存在的吧,只不过那样的投资只有极少的一部分人才能接触到①。因为当很多人都知道的时候,投资者就疯狂涌入了,到时候回报也会跌落到与风险相当的水平。

风险与回报会有一个相应的平衡,这就是市场的调节机制。无论是股票、房地产还是外汇,最终回报都会稳定在与风险相当的一个水平。**想要获取大量回报,相应地我们就必须冒极大的风险。这就是投资的一大原则**②。

不过也有反例,也就是高风险、低回报的案例。这类投资项目是越投资风险就越大。也有一些投资项目是不易看清真正风险的,更恶劣的是故意隐瞒投资风险的项目。虽然听起来可能有些消极,但投资

---

① 想要找到这类"好"的投资项目,方法就是"变成有钱人",或"跟有钱人套近乎,挤进有钱人的圈子"。有些投资项目只对少部分人开放,所以你也只有进入这少部分人内部,才能获得这种信息。

② 风险是一个经济学词汇,意味着一种不确定性。能产生收益的变动叫作上侧风险(Upside Risk),而造成损失的风险则是下侧风险(Downside Risk),无论哪种都是风险(Risk)。而本书中使用的是大家平常通用的概念,将上侧风险称为回报,下侧风险称为风险。

技巧的第一步，就是避开低风险、高回报的投资项目。

不用惊讶，这类风险高于回报的投资项目其实离我们并不遥远，如证券投资基金。即使是广为人知的一般投资产品，其中也有一部分产品会收取一笔不小的信托报酬。

即使预期回报率高达 10% 的产品，如果抽走 3% 的信托报酬，那对投资者而言也是不小的负担。而投资者还不得不承担与 10% 的回报率相当的风险，那就太没有道理了。这个风险与回报的差距，会随着投资时间的增加而不断加剧，越变越大。

如果把钱投到这类项目中去，何谈赚钱，可能本金都会失去。这种做法不是让钱为自己工作，反而是等于放任钱去过奢靡的生活。所以有人指出证券投资基金存在这些看不见的费用和风险，建议"不要投资证券投资基金"。

其他标榜"高回报"的投资案件中，还有一些是故意隐瞒存在"远高于回报的风险"，这类投资也是不利于投资者的，有名的案例有阿根廷国债。基本上国债是保本的，但也有个条件，那就是这个国家不能破产。没人想到有国家会宣布破产，而这件出乎所有人意料的事情就发生在 2001 年。阿根廷国债违约，所有投资人手中持有的该国国债都变成了一文不名的废纸。

阿根廷国债的利率确实很有魅力，但过度追求高回报的结果，就是忽视了概率很小的国家破产这一风险，最终遭受了巨大的损失。

从中我们可以得出一个教训，那就是**应当选择风险与回报相匹配的、诚信且公平的投资项目**，避免被高回报蒙蔽了双眼，最终给自己带来巨大损失。

理财技巧 50
"优先还贷"的原则

如果你还有没清偿的贷款，那么建议你在做投资之前，先将这些贷款还清。因为，**还贷款才是最明智、最切实的"投资项目"。**

许多投资都伴随着风险，越是高收益的项目，就越不保本，贬值的风险也就越大。

然而偿还贷款却没有任何风险，而且只要你偿还了一部分，那么剩下的利息就会少一分。这种投资不需要你承担风险，贷款利息少交一分，就等于你赚了一分。

定期存款是一种保本的投资手段。当今时代，定期存款的利息只有 1% 左右了。既然是保本，那就说明银行不会支付给你高于 1% 的利息。在这种情况下，房贷 3% 的利息就是很大一笔支出了。

反之，如果你能找到一个既保本又能获得高于 3% 回报的投资项目，那你也可以不用着急偿还贷款，先将钱用作投资比较好。不过，这种项目恐怕难找。

虽然我说了这么多，可能还是有人想反驳："我虽然有贷款，可还是想做投资"。或许也有很多人觉得"如果要等到把房贷还完，那就没时间去投资了"。我觉得这些人，与其说是想做投资，不如说是想赌一把。如果你这么想赌一把运气的话，不如去买几注彩票过把赌瘾更好。

或者你可以考虑先把没还完贷款的房子卖掉，先将房贷还清再去投资也未尝不可。说了这么多，就是想强调还贷款才是应该最先解决的问题。

即使有点厌烦，也应该先还贷款再作他想。在如今这个发展缓慢的时代，需要这样的忍耐力。

偿还贷款才是最有力的投资项目

	利率	本金	备考
偿还贷款	3%左右	贷款余额切实减少，从这个意义来讲，算是保本的	
定期存款	1%左右	保本	
证券投资基金	平均5%	不保本	只是会收取1.5%的信托报酬，所以实际利率低于4%

理财技巧 51
用投资回报率判断是否投资不动产

顺便一提,这个"优先还贷"的理论在高度增长期和泡沫经济时期都不适用。因为泡沫经济时期股价和房价都飞涨,那时候的投资回报相当高,以至于现在回想过去,都会有种不真实的感觉。那个时候比起先还贷款和少付利息,投资的回报要高得多,所以大家都会优先拿钱去做投资。

但是泡沫经济崩溃之后,正如现在大家所熟知的那样,不会再出现那样理想的投资环境。2000 年前后曾有过 IT 泡沫经济,规模不大,而且很快就消失了。如今我们已无法期待那样长期的高度经济增长再现,同理,也不大可能会出现长期性高回报的投资了。

不动产行业也出现了较大的转型。在泡沫经济时期卖房,**飙升的房价会带来巨大利润**,所以根本不必急于还房贷,而且还有人不断将房子用作担保,从银行贷更多的钱来买房。这类房地产在泡沫经济崩溃之后,大多由于无法偿还贷款而变成了不良资产。

现在,房地产投资开始重视**投资回报**了。大家会计算相对于投入的金额能收回多少房租回报,再根据这一回报的大小,决定是否要投资房地产。

泡沫经济时期结束之后,收益模式发生了巨大变化。

这个话题跟前文中的"家庭资产管理技巧"的内容有共通之处。

前文中说过，想要开始新一轮的投资就需要压缩资产与负债，减轻负担。企业会不时地调整资产负债表，而对家庭财务而言，这个工作同样必要。

这一举措还会影响到收益方式。购入住房然后尽量等高价的时候卖出，这完全是泡沫经济时期的思维方式，但这种思维方式会限制你计算投资回报率的能力。

对于投资金额，我们能够期待多少收益？这就是 ROI（Return on Investment，投资回报率）的思路。我们应该根据 ROI 的高低来判断是否应该投资。

房地产投资的两种收益模式

	利润率	不良资产化
房价飙升带来的卖房收益	难以预测	如果房价暴跌，则顷刻变成不良资产
投资回报率	一般稳定在一年 5%~15%	可以预计收益，因此很难变成不良资产

理财技巧 52
学习巴菲特做长期投资

前文中提到我们要有优先还贷的忍耐力,接下来再谈一个投资需要忍耐力的话题,那就是做长期投资。

世界排名第三的大富豪沃伦·巴菲特,就是靠股票投资建筑财富帝国,他致富的秘诀就在于长期投资。

例如,可口可乐公司曾因某件丑闻股票大跌,此时巴菲特便毫不犹豫倾其财产购入了可口可乐的股票。随后可口可乐公司业绩回复,股价也逐步恢复到以往的水准,巴菲特获得了巨大的回报。随后,他在股价下跌时又不断买入股票,最终成了可口可乐的大股东。

企业曝出丑闻,大家就会抛售持股,而那时巴菲特却反其道而行之,大量购入股票。这是为什么呢?这是因为巴菲特关注的是企业的**基础条件**(Fundamentals)。

即使某些问题导致暂时性的股价下跌,作为企业它的价值并没有发生质的变化。可口可乐公司有风靡全球的可口可乐饮料这一品牌,这个品牌价值不是轻易就能撼动的。巴菲特所做的就是盯紧特定时期,当它的股价低于本质价值时,就及时出击增加持有股票。

巴菲特的投资方式,被称作长期投资。

很多人可能有些误会,以为长期投资肯定比短期投资风险小,其实也不尽然。我们可以这样考虑,因为你长期持股,所以跟短期持股比起来，股价变动的幅度或许更大，风险会更大一些。如果你持有股票的企业是长期处于经营惨淡状态的产业，那你的损失肯定很大。长期投资并不等于就安全。

长期投资与短期投资

	期限	趋势	重要的指标种类	特点
长期投资	长	不易受短期走势影响，受长期走势影响。	基础条件	如果能够了解长期走势，就不会受短期走势影响，风险小。但如果对长期走势判断失误，则会损失巨大。
短期投资	短	受短期走势影响，不易受长期走势影响。	技术	易受短期走势影响，投机色彩更浓。

巴菲特的长期投资，也并不是随意选定某个企业并长期持有它的股份。重要的是要对你熟悉的行业进行长期投资。

只有是你熟悉的行业，你才能够比较准确地预测出这个企业长期发展会取得怎样的成就。即使短期内有价格波动，只要你了解企业的长期走势就不会感到不安。短期的股价下滑反而是增加持股的好时机，这反而会让你兴奋不已。

对熟悉的行业长期投资，比短期投资的风险要小。跟你熟悉的行业长期好好交往下去吧——这就是巴菲特告诉我们的道理。

事实上巴菲特对不熟悉的行业是从不染指的。例如，大家都知道他从来不投资 IT 行业的公司。这是因为巴菲特本人并不具备 IT 专业知识，没法对其长期发展做出准确预测。

对不熟悉的行业做长期投资，最终风险会变高，这也是会发生的事。长期投资并不等于放心把钱投进去就可以。

理财技巧 53
投资不分散，资产要分散

巴菲特的这种投资方法，对分散投资这一被视作投资常识的理念也提出了质疑。他的方法非但不是分散投资，反而是超集中投资。如果巴菲特选择的是分散投资的话，他是否还能建筑起如此庞大的财富帝国就很不好说了。

有句谚语是说鸡蛋不能放在同一个篮子里。诚然，把鸡蛋分装在几个篮子的话，即使有一个篮子掉在地上，也不至于损失掉所有的鸡蛋。但是篮子增多，管理起来也会变得麻烦。

此外，虽然把钱投资到好几个篮子里风险也会随之分散，但最终回报也会分散。而且过于分散你反而很难对风险与回报比率做出合理的判断，一切都会"黑箱化"。

为了能够准确判断风险与回报是否持平，就需要同时对几个篮子都很熟悉，这就需要掌握许多领域的专业知识，但是这本身就是一件很难的事。所以巴菲特才想出了自己的方法：**把所有鸡蛋谨慎地放进同一个篮子里，而且还是长期存放。**

但是集中投资的风险也很高，所以我想很多人也会举棋不定。如果还是想要分散的话，那么我建议大家不要分散投资，而是分散管理资产。

例如，用来投资的资产最多只占总资产的三分之一，再拿三分之一购买保本的金融产品，比如债券等，还有三分之一就作为日常使用资金存到银行。这是为了确保资金的流动性，以防万一。

这种将资产分散管理的方法叫作资产配置（Asset Allocation），其做法是决定以怎样的方式来持有资产。

投资需要看清风险与回报的比例集中投资，而资产则要在保持流动性的基础上分散管理，这就是稳健理财的一大要点。

如果沿用鸡蛋与篮子的说法，那么分散投资就等于是把鸡蛋放进每个都不安全的篮子里，所以即使分散放进去也不会因此而变得安全。

不过，我们只要改变做法，不要把所有鸡蛋都放进一个篮子里，而是将一部分鸡蛋放进名为投资且不可预测风险的篮子里，剩下的鸡蛋都放进安全的地方变成保本的资产。这么做我们才能真正完成"分散"的做法，才能真正让自己安心。

分散投资与集中投资

	风险	回报	回报是否与风险相对应
分散投资	可规避一定风险	风险小，回报也小	难以发现，难以看清是否对应
集中投资	风险比分散投资高	风险比分数投资高	容易看清

投资与资产理想的运用方法

	运用方法	检查要点	所需条件
投资	集中	风险与回报是否匹配	对投资领域具备专业知识
资产	分散	以防万一，确保流动性	求稳，谨慎

理财技巧 54
根据市场状况改变资产配置

资产配置并不是一成不变的,而是根据市场状况的变化不断调整,获得各个比重的平衡。也就是根据经济形势的好与坏,调整鸡蛋的存放场所。

首先,变动最大的是股票投资。经济好的时候股价就会迅速上涨,而整个经济形势下滑时股价就会瞬间暴跌。对于这种变动较大的投资对象,我们必须根据市场状况来操作。

根据市场状况不断调整资产配置

	方针	股票、债券、现金的资产配置比例
经济探底,开始进入上升通道时	集中投资到与市场状况联动的股市里	9:0:1
经济过热,出现泡沫	从投资股票转为持有现金	2:0:8
泡沫崩溃,经济下滑	改为不易受经济下滑影响的债券	2:6:2

操作方法很简单,就是**经济上行时投资股票;经济下行时卖掉变现;然后等到经济探底再次进入上行状态时,再改为买入股票**。这么一来,就可以低价买入,高价卖出。

高价变现的资产，在经济进入下行状态时，改为投资债券即可。债券基本上是保本的，风险较小，因此收益也不会特别高，但是胜在稳定，让我们在股市下跌的时候也能获得稳定的投资收益。将投资对象从股票转为债券，投资回报才有保障。

不过这个道理"说起来容易，做起来难"，实际上人们很难精准地预测泡沫经济何时崩溃，也无法知晓经济是否已经探底。当我们觉得经济已经开始转好时，或许等待你的是人称"第二次探底"的进一步下滑。不过，在做资产配置时，是否知道这个基本原则，得到的最终运用资产的结果还是有天壤之别的。

这点在企业也是同样。企业应当以什么样的形式持有现金？这个问题需要根据企业内部状况和外部市场状况才能给出最贴切的答案。在经济不景气的时候，应当尽量储蓄现金等流动资产；等到经济形势开始出现恢复的征兆时，再把钱用作投资。

这种企业的现金流动，可以通过**现金流量计算表**把握。现金流量计算表中，分别记录了**经营活动、投资活动、筹资活动**这三大方面的现金流状况。

只要看看这三个方面的现金流状况，我们就能了解这家公司是如何变更资产配置，今后又将如何部署资产配置。

经营活动产生的现金流体现了企业的盈利能力。这部分的现金流是负数时，可以说这家企业的状况非常堪忧。经营活动产生的现金流必须是正数，这是企业生存的一大前提。

另一方面，投资活动产生的现金流就没有"负数就是不好"的说法。经济进入上行状态时，企业采取积极的投资策略，其结果导致投资活动产生的现金流变成了负数，这个负数应该算是好事。

最重要的一点是，企业或个人是否根据内外状况采取了最佳资产配置方案，是否不断根据调整方案将现金变为各种各样的资产管理。

现金流量计算表

（百万日元）

I 经营活动产生的现金流量	
营业收入	65,210
采购原材料或产品产生的支出	−17,561
人事费用支出	−9110
……	−
经营活动产生的现金流量净额	29,017
II 投资活动产生的现金流量	
取得有价证券产生的支出	5000
出售有价证券产生的收入	−
取得有形固定资产产生的支出	−8000
出售有形固定资产产生的收入	−
……	−
投资活动产生的现金流量净额	−3000
III 筹资活动产生的现金流量	
短期贷款产生的收入	1000
偿还短期贷款产生的支出	
长期贷款产生的收入	
偿还长期贷款产生的支出	−3985
……	
筹资活动产生的现金流量净额	−2985
IV 汇率变动对现金及现金等价物的影响	0
V 现金及现金等价物净增加额	23,032
VI 期初现金及现金等价物余额	61,511
VII 期末现金及现金等价物余额	84,543

- 经营活动产生的现金流量净额 → 主营业务（经营活动）中现金的增减
- 投资活动产生的现金流量净额 → 设备投资、股票买卖等投资活动中现金的增减
- 筹资活动产生的现金流量净额 → 向银行借款或还钱等筹资活动中现金的增减

理财技巧 55

长期复利投资，让时间帮你赚钱

资产配置最重要的一环，是根据现实状况调整资产项目的比重。

买股票，一定要选自己熟悉的行业，并根据市场行情来买入卖出。这种稳健的投资方式会带来很好的效果，因为它就是一种长期投资的姿态。不去追求短期的高回报，而是即使牺牲一些回报率也要长期运作，通过这种方法逐渐让资产增值。可以说是一种"让时间帮你赚钱"的投资方法。

例如，现在有一个回报率为 10% 的优良投资项目。投入 100 万日元，如果收益全部以分红的形式获得的话，30 年后，就会变成 400 万日元。

本金 100 万日元 +100 万日元 ×10%×30 年 =400 万日元

另一方面，有一个回报率为 5% 的投资项目。同样也是投资 100 万日元，但是这个投资项目却会将产生的投资收益放到本金里，开展再投资。那么同样是 30 年后，这边手里的钱会增值到 432 万日元。

本金 100 万日元 × $(1.05)^{30}$ = 432 万日元

第五章 投资技巧 141

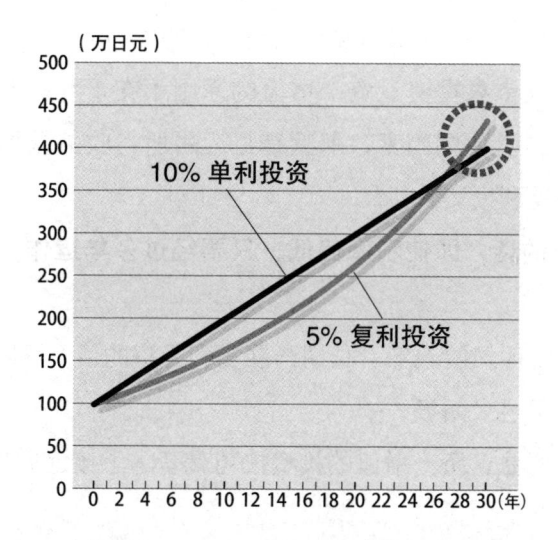

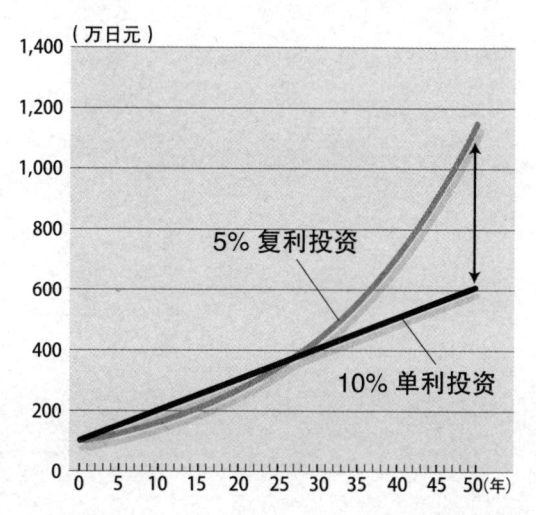

换句话说，利率 5% 的金融产品仅因为会将投资收益再投资，其回报竟会超过利率 10% 的金融产品。

如果再将运用年限增加到 50 年的话，那么差距就会变得更大。

回报率 10% 的产品，50 年后是 600 万日元；而不断重复投资的 5% 的运作方式，到 50 年后竟能增值到 1146 万日元。虽然后者利率仅是前者的一半，但最终的回报居然将近是前者的两倍。

像这样，仅依靠投资让资产增值的原因不在于利率的高低。还有一个与利率同样重要的因素，那就是将运用所得收益做再投资的投资方式，也就是复利投资。

复利投资的话，即使利率偏低，只要经过多年运作，也会给你带来巨大回报。

利率低，说明风险也低。长期开展复利投资的话，可以降低风险，但同时又能获得巨大回报。

有了这一方法，资产增值的投资技巧就基本上接近成功了。

理财技巧 56
设定目标金额与期限，制订投资计划

复利投资的威力，时间越久就越能显现出来。投资期限如果够长，那么即使利率偏低，也能获得令人满意的成果。如此一来，当我们制定目标，要将资产增值到某个金额时，最为重要的就是考虑**要用多长时间来实现这个数字目标**。

如果想花10年达到目的，那我们必须要有相当的心理准备。因为如果不冒任何险，也无法获得如此高的回报。而另一方面，如果时间延长至30年的话，或许就可以依靠低风险、低收益的投资项目来实现目标。

例如，目标金额是5000万日元，最初的投资额是500万日元，每月从工资中扣掉5万日元做追加投资。

目标金额：5000万日元
初期投资额：500万日元
每月追加额：5万日元

这样计算下来，如果想在30年后将资产增值到5000万日元，则只要投资利率为4%的项目即可。而一般来说证券投资基金的平均收益率是5%，所以4%是一个很可行的数字。

30 年赚 5000 万日元

(万日元)

年利率 4%

10 年赚 5000 万日元

(万日元)

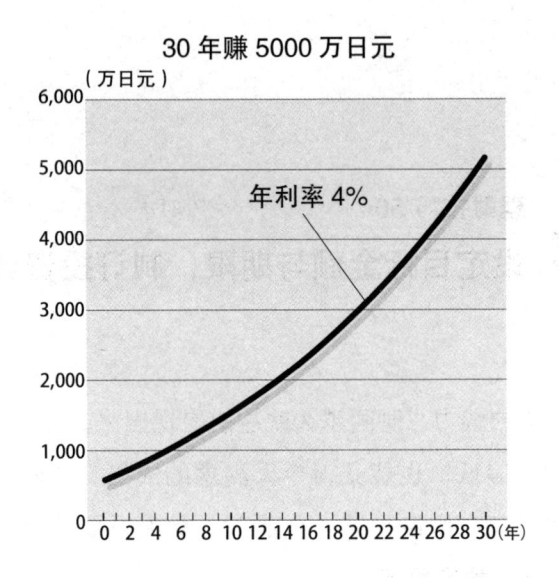

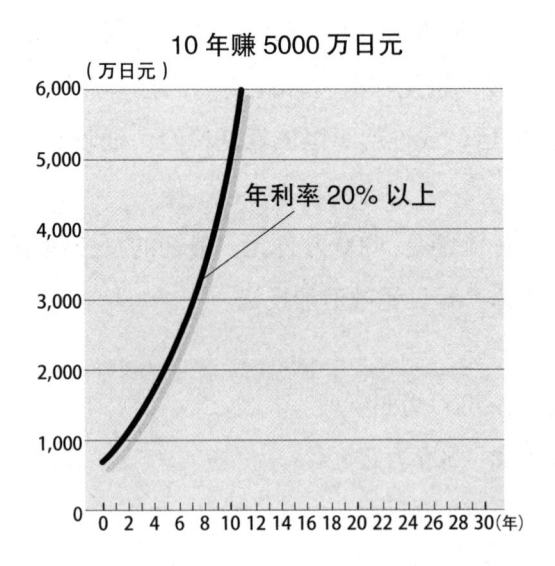

年利率 20% 以上

另一方面，如果我们用 10 年的时间来实现这一资产目标的话，又会是怎样的情况呢？10 年的话，如果投资收益达不到 20% 以上的话，是不大可能实现这个目标的。如果你想连续 10 年都能获得 20% 以上的高收益率却是很难做到的。此外，你还必须有相当的心理准备才行。

我们不能只是嘴里说着"我要变成有钱人"然后白日做梦，而是应该确定具体金额目标，然后思考要怎样做才能实现这一目标。如此一来，我们就能很**清楚地看到自己为实现目标必须承担多大的风险了**[①]。

---

① 设定目标，然后根据目标来推导出投资方式。如果你想要详细了解这种做法，可以去读内藤忍的《60 岁挣 1 亿日元的绝招》。

理财技巧 57
利用复利计算网站计算大概金额

这种复利计算，用普通的计算器难以算出结果。一般使用专用的金融计算器或者商学院教授你的计算方法。总之，复利就是如此难以计算的事物。

本书推荐大家利用一些复利计算网站来计算结果。

首先要介绍的就是**在线复利计算器**。在这个页面，你只要输入目标金额、年限以及年利率，就能自动帮你计算出每月需要追加的投资金额了。

例如，期限为 10 年每年 2% 的年利率，目标金额输入 1000 万日元，它就能计算出每月需要追加投入 7 万 4613 日元。

如果你还需要更复杂的计算，那建议用**"多种复利计算表"**。不仅可以计算你想要存够目标金额需要追加存入多少钱，还能计算出如果每个月定期存入一定金额，几十年后你能存到多少钱，也能计算如果想在限定的时间内实现目标金额需要多少年利率才能实现。

像这样，当算出一个确切的数字后你就多了一份真实感。虽然提到 5000 万日元可能你还没有真实感，但如果是计算到每个月应该追加投资多少钱，而且这个金额还精确到了 1 日元的单位，那么你就会很真切地感到你的计划是有效可行的。

理财技巧 58

依靠主营业务挣钱，留作留存收益

在说明复利计算的时候，我们设定了每月追加投资的资金。这种追加投资的方式，其实是非常有效的。

1	
每月追加投资金额为零的情况	
初期投资额	500 万日元
每月追加额	0 万日元
投资期限	30 年
回报率	4%
	1622 万日元

2	
每月追加投资金额是 5 万日元的情况	
初期投资额	500 万日元
每月追加额	5 万日元
投资期限	30 年
回报率	4%
	5126 万日元

3	
每月追加投资金额是 10 万日元的情况	
初期投资额	500 万日元
每月追加额	10 万日元
投资期限	30 年
回报率	4%
	8597 万日元

上图将三种情况做了对比，结果一目了然。

如果像这样，每个月都追加投资一部分资金，到最后资产金额就会截然不同。从中我们就能知道，**在努力工作赚钱的同时，再坚持追加投资金额是非常重要的**。拿到工资后，要让钱留在手里，用于做投资。这是资产增值的一大原则。

这里每个月追加投资的资金，在企业里就等于是**把主营业务获取的利润，作为留存收益留下来**。再将这些钱拿去做投资，就能期待获得更多的收益。只有认真地靠主营业务赚到资金，才能实现这种投资活动。

泡沫经济时期，有很多企业靠投资完全与主营业务无关的领域赚了大笔资金，结果就不太专注主营业务了。等到泡沫经济崩溃后，企业就走投无路了。这是因为当企业醉心于金钱游戏后，主营业务就完全荒废，所以泡沫经济一旦崩溃，主营业务也跟着一起轰然坍塌。

为了避免这种悲剧的发生，我们就需要认真地依靠主营业务获取资金。将主营业务带来的利润保留在企业内部拿去做再投资。个人亦然，薪水就是个人的营业收入，也需要保留下来。

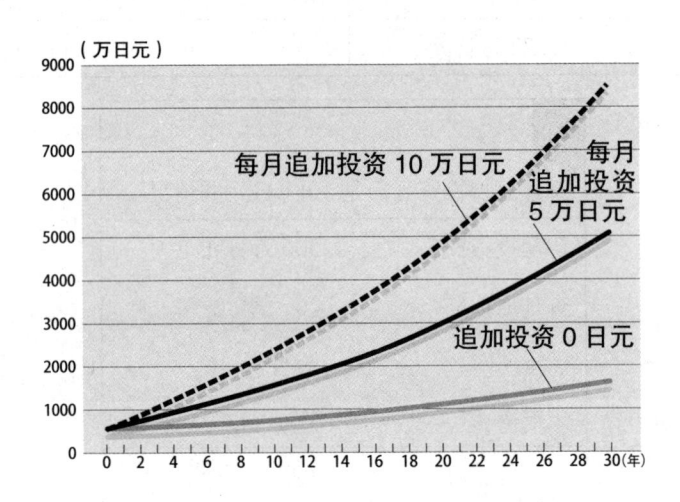

理财技巧 59
计算自我投资的回报率

　　本节中投资技巧与黑客家庭理财簿就联系到一起了。在黑客家庭理财簿中，基于资产负债表的家庭账本不会逐一计算收支，而是将最终的余额当作留存收益看待。而这个留存收益被保留在了内部，用于再投资，再投资的惊人效果我们在整理投资技巧时也是有目共睹。将眼光放在余额上与将这些钱用于再投资，其实是互为表里的关系。

　　如果这些留存收益的积累投资效果很好，那么也应该有一种方法可以让我们"拥有赚钱的能力"，不断积累更多的留存收益。这种方法就是"**自我投资**"。

　　看书学习、考取资格证、去商学院获得学位，我们可以通过这些方式提高自身价值，凭借本职工作（主营业务）获得更多回报。自我投资是为了增加本职工作收入的一种投资，在企业中，就是修建新的工厂、提高生产能力或投入科研经费、研发新的技术。

　　而自我投资，如果用会计思维加以重新审视，就能发现一个很好的判断标准。

　　例如，我们去国外商学院学习 MBA，如果考虑到前文中的"开支管理技巧"中介绍的机会成本，那么投资金额就如下页图所示。

　　我们首先应该考虑的就是未来需要多长时间才能收回这些成本。假设获得 MBA 的学位我们将受益 20 年，这 20 年能否收回 2000 万日元呢？只需要一个简单的除法就能知道答案：

2000 万日元 ÷ 20 年 = 100 万日元

如果每年收入能够有 100 万日元的结余，那么 20 年就能收回成本。

如果你想要进行自我投资，那么这种程度的回报是需要纳入思考范围的。当你在犹豫是否要进行自我投资的时候，可以用这种会计思维计算，很快就能有答案了。①

学费：800 万日元
机会成本：1200 万日元（年薪 600 万日元 × 2 年）

合计 2000 万日元

---

① 留学时的生活费视为等同于日本的生活费，所以不在计算之内。

理财技巧 60
将未来的回报换算为现在价值，做出合理判断

但是在计算回报时，还有一个不得不考虑的因素，那就是投资收益。

如果 2000 万日元没有用作留学，而是将这笔资金用于其他的投资，结果又会如何呢？应该能获得一笔不菲的投资收益吧。

如果将这类投资收益一并考虑在内，那么 20 年后挣到的 100 万日元，和现在手中的 100 万日元，价值肯定不一样。现在的 100 万日元，在 20 年后假设投资回报率是 4%，那就是 219 万日元，金额比现在翻了一倍多。

反之，20 年后的 100 万日元，放到现在也只有 46 万日元左右，因为，如果现在将 46 万日元按每年 4% 的收益做理财，20 年后差不多就是 100 万日元。

这个问题可能很难直观地把握，不过从今天起到 20 年后拿到 100 万日元和现在马上能拿到 100 万日元，两者相比你会选哪个呢？许多人都会选现在马上拿到手吧。而我们将这个问题换成数字表达的话，则 20 年后的 100 万日元等于现在的 46 万日元。

对于遥远的将来才能获得的收益，我们需要将时间因素也一并考虑，反推现在的价值。

而这种相对于未来的收益，将投资回报也一并计算在内从而反推得出的价值，我们称之为**现在价值**。现在让我们用上文的年薪多出的

100万日元反向推算出现在价值,结果如图所示:

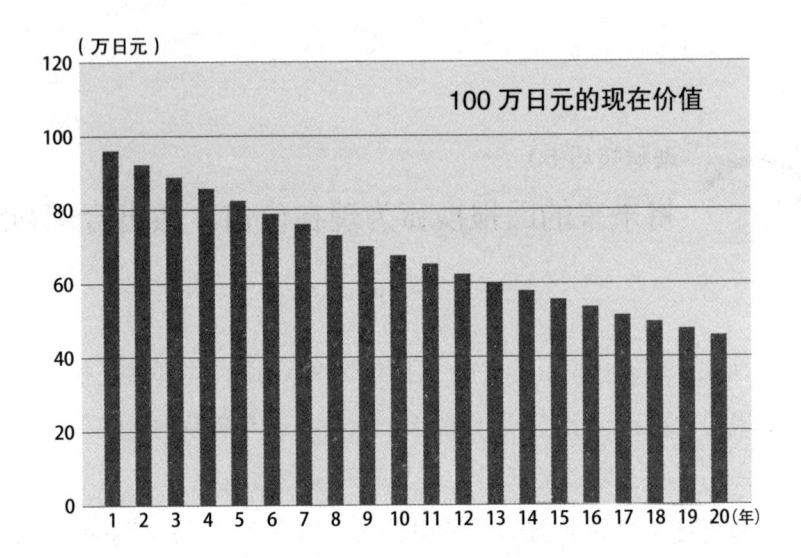

100万日元的现在价值

（纵轴：万日元，横轴：年，1~20年）

计算结果是1359万日元,很遗憾,离投资金额的2000万日元还相差甚远。

那么,想要达到现在价值的2000万日元,每年需要多少回报才能达到呢?同样以20年来计算,得出每年需要超出148万日元。

于是,现在对自己做出2000万日元的投资,如果想在20年后收回成本,则每年需要超出148万日元才能实现目标。

当然,实际上每个人的职业生涯并不能这样单纯地做运算。商学院毕业后,有人马上就能进入大企业就职,年薪也水涨船高;但也有人短期内没有太大变动,而是几年后忽然有了飞跃式的发展。如果将投资回收期限定为20年,那么20年后你也变成了管理层,而你在读MBA时积累的人脉或许也会助你一臂之力。

只是如果单纯从数字来看,**如果不考虑到期间可能产生的投资收益,从将来的收益重新反推现在价值再做比较,则很难做出准确的判断。**

货币价值与现在价值的差

（万日元）

年数	货币价值	现在价值
1	148	142.3
2	148	136.8
3	148	131.6
4	148	126.5
5	148	121.6
6	148	117.0
7	148	112.5
8	148	108.1
9	148	104.0
10	148	100.0
11	148	96.1
12	148	92.4
13	148	88.9
14	148	85.5
15	148	82.2
16	148	79.0
17	148	76.0
18	148	73.1
19	148	70.2
20	148	67.5
合计	2960	2011.4

理财技巧 61
自我投资，小投入大回报

读到这里大家已经大概清楚，包含机会成本的情况下，投资2000万日元去读MBA并不容易收回成本的。

实际上，对企业而言，这类大型投资项目同样风险很大。未来的营业收入不可能获得长久的保证，所以必须再三思量之后，才能做出如此重要的经营判断。

此外，即使说"未来可能会获取很大的收益"，也正如前文所述，当我们用现在价值折算，就会发现其实也并不是很高的收益。

从会计学的角度来看，与其投资这种前途未卜的事物，不如**从存留下来的钱中取出一部分再投资，完成一个健全的投资循环**。

当你想提高英语能力时，与其立刻支出一大笔钱上英语培训班，不如先多找些低消费的渠道做各种尝试。想学习如何做生意，同样可以从杂志或书本中获取知识，如果发现效果很好，便可深入研究下去。

虽然这种做法看似平凡无奇，但正如前文中提及的那样，不积跬步无以至千里，日积月累最终会带来巨大的回报。如果要补充一点的话，那就是**"自我投资也需要与时间为伍"**。

每天一点一滴地积累，这种积累不是一两天就能见效的；然而一个月，一年，三年，当积累到一定的时间后，它就会质变成巨大的成果。

我对此深有感触。从我步入社会开始工作到现在，马上要进入第

12个年头了。至今为止，我写了许多企划书，加起来大概有几百篇。我从来没有意识到自己是如何在这个过程中获得写作技巧的，但有一天，我随手写就的一份企划书，获得了别人的表扬，说我写得清晰易懂。

以往的我，总会在写企划书之前鼓励自己："这次一定要写出一篇优秀的企划书来！"然而如今的我，写企划书就如同吃饭一样简单，全是信手拈来。而且说到质量，肯定现在写的才算是上乘。

不仅如此，我的写作能力也有了质的飞跃。我本来不是很擅长写作，每写一篇文章都会陷入苦战。即便如此，在写完这几本书之后，我也不知不觉掌握了写作技巧。现在，5页纸的文章立刻就可以写出来。

一本谈及工作技巧的书，要写300到350页的原稿纸，包括这本书在内我已经写了9本。如此算来，我已经写了3000页的东西了！正是这3000页的汗水让我获得了写作能力这样的硕果。

在互联网时代，获取信息非常容易，在网上搜索信息，相信几乎所有人都会。但是，如果你想跟别人拉开差距，那么如何将获取的信息输入大脑再重新输出就变得尤为重要。不过，这种信息输出能力，也不是一朝一夕就可以学会的。这种重要的技能，我们只能凭借在空白的原稿纸上脚踏实地地耕耘（准确说是1KB、1KB地在Word文档上打字）才能获得。

MBA这类耗资不菲的自我投资自然非常重要，我自身也是从商学院毕业后才为自己的人生开拓出了更广阔的疆土。

另一方面，也有一种重要的自我投资，是在每一天看似平凡的工作中、业务中、任务中实现的。尤其是从事与信息输出相关的工作，只有靠一步一个脚印地积累才能获得回报。**这类无法一蹴而就的技能，才是无价的珍宝。**

理财技巧 62
回报与时间

在这一章,我们从如何从风险中获取相应且恰当的回报说明了长期投资的重要性,说到资产配置和现金流,最后将话题引到现在价值,即随着时间变化而变化的价值。

所谓投资,其实就是**判断如何平衡时间与风险的关系**。

如果你打算放长线钓大鱼,那么你并不用去冒很大的风险。即便是最后提及的自我投资,更可以在平凡的日常工作中慢慢地获得回报。

反之,如果你想短期内获取高利益,那么你就必须寻找高风险、高回报的项目。自我投资也是如此,你可以在商学院等地方短期集中学习,突击提高技能,但是你也必须承担相应的风险。

在考虑时间与风险的平衡关系时,很多人会在不知不觉之间,被高风险、高回报的项目迷住了双眼。"多让时间来帮你的忙"这句话或许正是本章最重要的技巧。

许多人都想成为有钱人。但是你到底想在何时真正成为有钱人呢?事实上设定时间轴是很重要的。如果你有了一个确定的时间轴,那么你就能做出这样的判断:"现在或许手头不太宽裕,但我可以忍耐。"

自我投资也是如此。你想在何时获得事业成功?如果定在30岁的话,那你需要抓紧时间;但如果你将之定在45岁以后、55岁之前呢?我想你的判断就会变成"即使走了些弯路也无所谓,重要的是不断积累好的经验"。

对于职业生涯，我将获得事业成功设定在后半段。现在的状态，不过是到达巅峰之前的攀登过程而已。我的想法是与时间为伍，认真积累，等登到了顶峰时，才能更好地发挥自己应有的价值。

如今，人人都在时代的洪流中随波逐流。正因如此，**掌握会计学知识，才能让我们立足长远，展望人生，才能不骄不躁，信步而行**。

第六章

企业分析技巧

理财技巧 63
决定企业运作的三大会计循环

从基于资产负债表的"家庭账本管理技巧"到"开支管理技巧",再到"投资技巧",其实一脉相连。到此为止,本书也将这些会计上的循环都讲述了一遍。虽然前文中是以家庭理财为例说明,但其实这些循环对于企业而言也是同样的。

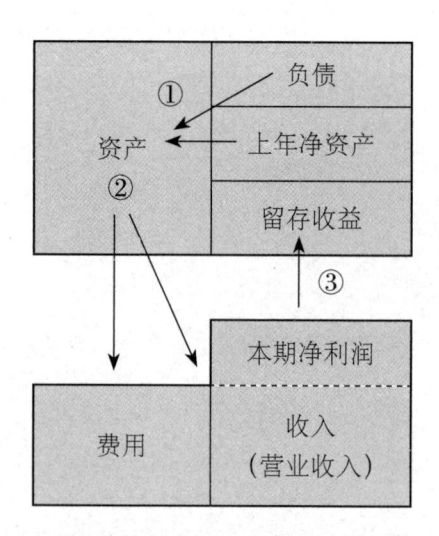

	负债
① 资产 ②	上年净资产
	留存收益 ③
费用	本期净利润
	收入(营业收入)

企业是通过资本金或负债的方式筹集资金,并将这些资金变为设备等固定资产或是产品的原材料等流动资产,然后再从这些资产中获取营业收入。从营业收入中减去费用就是当期的净利润,这些利润

又作为留存收益被计入资产负债表当中。这一过程中存在着以下三个循环。

①购货与付款循环
②销售与收款循环
③筹资与投资循环

决定企业运作的三大齿轮

[图：销售与收款、购货与付款、筹资与投资三大齿轮示意图]

这三个齿轮缺一不可，无论少了哪一个，企业都无法经营下去。和销售与收款循环、购货与付款循环相比，筹资与投资循环的转速比较慢

首先是购货与付款循环。不购入产品的话，商业活动也就无从谈起。销售购入的货物，则成为营业收入而被计入财务报表中，这就跟下一节的销售与收款循环连接上了。最后一个循环，便是将所得利润再投资到设备等，形成了最终的筹资与投资循环。

这三个循环像齿轮一样，无论缺少哪一个，企业都无法正常运转。

然后，如果从本章所讲的"企业分析"的观点出发，那么检查这三个齿轮是否在正常运转就是重中之重了。

理财技巧 64
检查购货与付款循环和销售与收款循环的时间间隔

首先看一下三大循环中的采购循环。

采购时,先是发出订单,然后收货,等待对方发出付款通知单,最后是支付货款。一般来说,企业不会接到付款通知单后立即付款,而是一段时间之后再支付货款。

有种说法是"月末结账次月末付款",意思是每月的最后一天,集中计算当月的付款通知单,等到下个月的月末再付款。而到付款的这段时间叫作**信用期间**,这种情况下,因为是 30 天之后再支付货款,所以可以叫作 30 日期限。

销售与收款循环要稍微复杂一些,分为两部分,一部分是从采购原材料、制造产品、作为存货保管到最后销售出去的循环,叫作销货循环;另一部分是将货款收回的循环,叫作收款循环。

将这两大循环重叠就不难发现,支付采购货款的时间点与货币资金作为营业收入入账的时间点其实是有时间差的,为了调整这一时间差,我们就需要**营运资金**。购货与付款循环和销售与收款循环这两大齿轮之间的错位就需要靠营运资金这个润滑油调整。

这个时间差越长,企业就需要更多的营运资金。相反,如果时间越短,则只需要少量营运资金就可以。通过尽早地收回营业收入,同时尽可能地延迟支付采购货款，就可以将这一时间间隔缩短。

这个销售与收款循环和购货与付款循环之间的时间缺口有多大，就是第一个需要检查的项目。这一时间缺口，不同行业之间区别也很大，尤其受该行业销售与收款循环的特点影响很大。

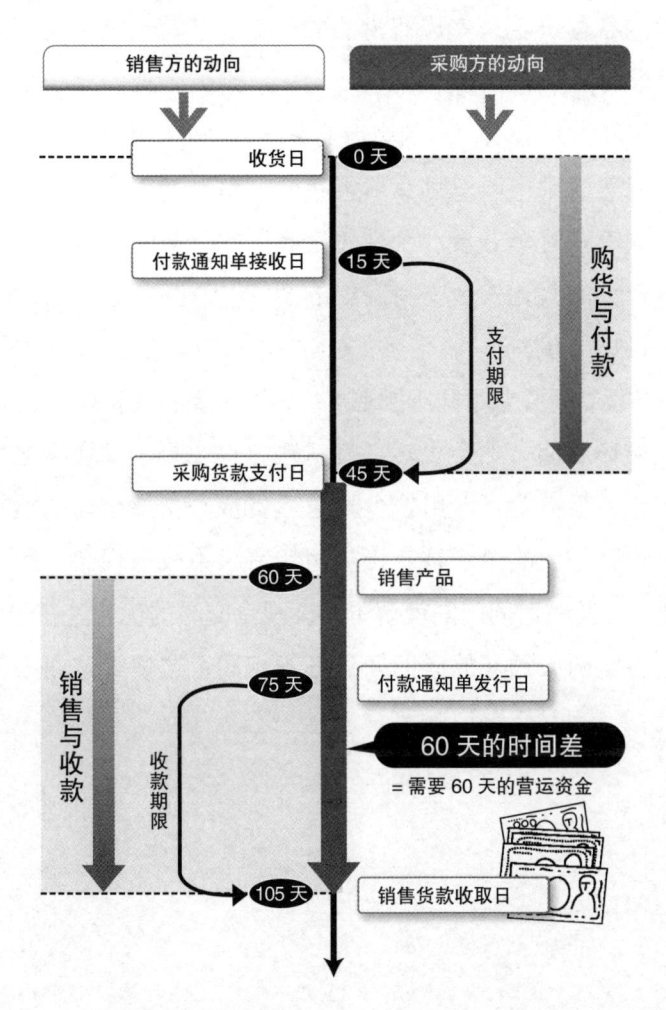

```
销售方的动向                采购方的动向
     ↓                         ↓
  收货日          0 天
                              
  付款通知单接收日   15 天              购
                         支           货
                         付           与
                         期           付
                         限           款
  采购货款支付日    45 天

                60 天    销售产品

                75 天    付款通知单发行日
  销                              
  售        收                    60 天的时间差
  与        款                  = 需要 60 天的营运资金
  收        期
  款        限
                105 天   销售货款收取日
```

即使支付期限与收款期限同为 30 天，从产品收货到销售的这段时间内，也需要营运资金。此外，如果是用零件制造产品的制造业，还要加上制造、流通的时间，所以时间间隔就更大了如制造业，因为采购材料后还需要制造的时间，所以销售与收款循环的周期就比较长。支付材料采购货款后需要制造，接下来是放入仓库保存起来，最后才是销售。制造业需要经过如此多的步骤才能获得营业收入。如此一来，两大循环之间的时间间隔就很大了，因此也需要大量的营运资金来完成润滑油的使命。"营运资金是否充沛"便是检查的重点。

但即使同为制造业，电脑制造商戴尔（Dell）却大不相同。戴尔的做法是从消费者手中收取订金后再接受订单开始生产，这种做法不仅有根据不同客户订单开展"个性化定制"的优势，还有一个优点，就是可以用较少的营运资金支持企业的运营。从会计学的角度来说，这是非常棒的处理方法。

另一方面，服务业不同于制造业，它不需要制造和库存。如此一来，它的收入循环周期必然会更短，时间缺口也会更小。换言之，就是与制造业相比，服务业可以用较少的营运资金来支撑企业的运转。不仅如此，由于服务业的做法是直接从消费者手中收取现金，所以服务业中两大循环之间的时间间隔就要更小。现金交易的优势就在于此。

各行各业两大循环的时间间隔各不相同，这便是这两大循环的特点之一。

理财技巧 65

活用信用期间，创造利润

　　如果销售与收款循环和购货与付款循环之间的时间缺口太大，就会对企业的稳定经营造成影响。为了避免这种局面，很多人会在购货与付款循环上下功夫。

　　比如我曾经就职过的广告制作公司，这个行业的信用期间比较长，一般是 120 天或 150 天。原因之一是虽然客户的信用期间各不相同，但是广告制作公司站在客户立场考虑，为确保无论哪家客户、什么样的信用期间都不会发生问题，才采用了比较长的信用期间。由于信用期间很长，所以广告制作公司即使完成广告，按时交货给委托方，想要拿到费用那也只能等到四五个月之后了。

　　而广告制作公司却要每月按时给员工发工资，所以经营起来很辛苦。从会计角度来说，客户支付制作费是四五个月之后的事，所以制作公司就必须确保有四五个月的营运资金才能确保公司正常运转。

　　而这种不利的支付条件，也是各个广告代理公司之间竞争的结果，大多数广告制作公司也只能含泪接受。不过，也有一些公司很难等那么长的时间，所以广告代理公司也有提前付款的情况。但是在这种情况下，制作费是扣除了部分利率[1]再支付的。即使付款通知单上写的是

---

[1]　以融资期限 1 年以内的融资通用短期优惠利率（Prime Rate）为基础计算得出。日本今年（2010 年）基本在 1.5%~2.0% 浮动。

1500万日元，实际收益的也只有1490万日元。

　　反过来，广告委托方也会有这样的提议。以往是按40天的期限支付的，现在缩短成了10天，那么相对地，希望能够在价格上提供一些优惠。这类企业一般从事的是现金交易的业务，所以现金非常充沛，完全没有延长信用期间的需要。这种情况下，委托方提出的数字也按照这期间的利率打了折扣。虽然最终这一提案未被采纳，但由此可见这才是真正的"时间就是金钱"。如果销售与收款循环正常运转，那么我们就可以通过缩短购货与付款循环周期来削减成本。

　　如果将这一金融性交易放大，就是贸易公司的范畴了。也有类似于脑筋急转弯这样的说法："贸易公司就算是以100日元采购，以99日元卖出去，也同样能赚到钱。"按照正常的减法来算，肯定是要损失1日元的，但是贸易公司却可以靠缩短收入循环周期和延长采购循环周期挤出利润来。

　　我们说要用会计视角来重新审视企业，其实说的就是用这种方法来审视购货与付款循环和销售与收款循环，然后**将时间间隔和风险换成营运资金和利率等来理解**。

理财技巧 66
企业状态不好首先反映在销售与收款循环上

接下来是企业分析。下面将以决算报告为基础,对企业的状况一探究竟。**企业状态好还是不好,会最先体现在销售与收款循环。**

企业获得收益的时候,就是成功地让消费者购买产品或服务的时候。如果是制造业,那么当产品滞销,从制造到销售的时间就会延长,就会积压很多库存。而反映这一状况的指标,就是**存货周转天数**。

存货周转天数

$$\frac{产品(商品)}{营业收入(年)} \times 365(天) = 存货周转天数(天)$$

可以根据图中公式得出从采购到销售出去的这段库存时间。当库存不断增多,企业的业绩也很有可能开始恶化。

当企业出现这种征兆后,经营者就会为压缩库存而缩减生产线。人们常举的例子是,雷曼危机后,世界经济开始衰退,汽车厂商铃木公司率先察知这一征兆并迅速地做出决断。其做法是缩小制造规模，可以防止收入循环周期变长。而其他判断速度较慢的厂商就只能看着库存不断积压，存货周转天数延长，最终导致大量宝贵的营运资金变成了库存被套牢在仓库里不见天日。

理财技巧 67

购货与付款循环的变化是亮黄灯

当经营状况继续恶化时，企业还会从改善购货与付款循环入手。企业会与业务受托方或供货方交涉，协商是否能延长一下款项的支付时间。这样的话，应付账款就会越来越多。从这里也可以看出企业状态变差的征兆。

这时使用的指标是**应付账款周转天数**。

应付账款周转天数

$$\frac{应付账款}{营业收入（年）} \times 365（天）= 应付账款周转天数（天）$$

这个指标算出的是想要支付应付账款需要多少天的营业收入。例如，我们有 1500 万日元的应付账款，一年的营业收入是 3 亿日元，那么计算公式如下所示：

15,000,000 ÷ 300,000,000 × 365 = 18.25 天

也就是说，需要 18.25 天的营业收入才能支付应付账款。

到底多少天才合适，购货与付款循环与行业特性不同，具体数字也不尽相同，不能一概而论，但是如果这个天数开始变得越来越长了，那么我们可以肯定的是，公司出现问题了。

当然也有一些企业抓住了商机，采购大量产品，以至于应付账款周转天数变长。但是这种情况下，一般随着营业收入等增多，公式中分母的数值也会增大，过了一段时间后，应付账款周转天数就会慢慢地回归正常范围。

如果在没有什么特别原因的情况下，企业的应付账款周转天数越来越长，那么我们就可以理解为这个企业肯定在某项环节中出现问题了。

理财技巧 68
应收账款不断变化的企业有问题

如果业绩继续恶化，逐渐就会在营业收入的回收上出现问题。这时我们使用的指标就是**应收账款周转天数**。

应收账款周转天数

$$\frac{应收账款}{营业收入（年）} \times 365（天）= 应收账款周转天数（天）$$

这个指标反映的是应收账款等于多少天的营业收入额。如果这个天数变长，那就说明营业收入的收回循环周期变长了。

这一指标变大，一般认为有三种情况。

第一，决算期末时营业收入大幅上升。短时间内应收账款会增大，但等到对方信用期间一到，就能回归正常水准，这样的话就没有问题。

有问题的是以下两种情况。一个是应收账款无法收回。这种情况是本来应该计入坏账损失，却为了隐瞒损失而依旧挂在应收账款上。也就是所谓的**不良债权**。

最后一种是最为恶劣的行为，也就是**虚增应收账款**。把水注入应收账款，即使实际没有现金的流动，也可以计入账本，所以只要交易内容没有公布于众，就不会被发现。

为了揭穿这种不正当的把戏，我们需要观察应收账款的变动金额。因为捏造的虚假销售额是不会产生实际支付的，所以应收账款会以一种不自然的方式增多。这是外部审计最为注意的一点。有一种叫作**循环交易**的手法，是多个公司相互下单，然后计入营业收入，是粉饰决算的常用手段。即使实际上没有产品或现金参与其中，也能通过操作应收账款来让公司业绩变得好看。

有些行业的做法是不需要明确的买卖合同就可以下单，我曾经就职过的广告界就是一类。一通电话就能决定数亿日元订单的情况也并不罕见，但是这样一来，委托方是否真正下单，第三者无从得知。一般在这类公司，只要销售专员上报说"卖出去了"，会计就会计入营业收入里。这样的话，应收账款的可信度就会不断刷新底线。

就像这样，**一个企业，如果应收账款出现较大变化，那么很有可能它已经抱恙在身了。**

理财技巧 69
不能相信流动比率

谈及企业分析，很多人都觉得就是看某个数据，判断企业经营得到底是好还是坏。但是这种做法根本无法把握企业的真实状态，做出的判断肯定也是偏颇的。

举个例子，如果仅靠进球个数和助攻次数去判断足球选手的水平，却根本不了解这个选手擅长怎样的踢法、在团队中扮演什么样的角色的话，很难组织起一支像样的足球队。

经营一个企业，牵涉的人数之多是足球队远远不能比拟的，其过程也更加复杂。因此仅靠数字来判断是非常危险的做法。

例如，有个指标叫作**流动比率**。有人说仅靠这一个指标，就能在某种程度上掌握一个企业的状况。但事实果真如此吗？

$$流动比率（\%）= 流动资产 \div 短期负债 \times 100\%$$

所谓流动比率，指的是流动资产与短期负债的比例，看的是企业的流动资产是否能够支持短期负债。

如果这个比率小于100%，那就说明企业无法支付短期负债。这类企业在近期内很有可能发生资金短缺的情况。

这样看，似乎这个指标还是有用的，然而实际上这个指标本身就存在很大的问题。

首先是应收账款的问题。应收账款就算有些问题，一般也会作为流动资产计入账上。倘若这个应收账款正常，计算出的比率自然也不会出问题，但这些应收账款的一部分实际上已经变成坏账或是虚增的营业收入的话，是否还可以保证计算出来的比率没问题？

靠流动比率的数字做判断有个前提，那就是应收账款中不存在那些有问题的账款。如果完全依赖流动比率的话，就很有可能会把一个做了不健全会计处理的企业错误地判断成"健全"的企业，这是很危险的。

流动比率还有一个缺点，那就是流动资产中还包含了未销售的产品和还未下线的在制品。如果这些产品能够保值出售的话，那相信这个数字也没有关系，可如今这个时代，并非制造出来的商品就一定可以销售出去。而这些产品是否有企业说的那样有价值，就算是再经验丰富的审计也很难做出判断。

就像这样，仅仅观察流动比率无法看清企业的真实状况。

其他还有类似**自有资本比率**，也是只看这一指标就容易受到误导。

自有资本比率（%）= 自有资本 ÷ 总资本 ×100%

自有资本比率越高，说明企业更多是依靠自己的钱，而非依靠借债经营。借债少，自然借款产生的利息也少，表示企业经营得很稳健。因此，一般认为自有资本比率越高越好，可是想要具体分析每一个企业，仅靠这种一般观点是非常不够的。因为企业可以通过虚增利润、虚假增资等手段修改数字，让自有资本变得好看些。

除此之外，还有各种各样通过指标来分析企业的手法。如果对象是上市公司，那么这些指标多少会有些参考价值。然而，不看实际情况，你无法从数字里看出门道。从这个意义来说，现在广为流传的分析手法，大多数都是学术上的指标，并无实际作用，都是数字游戏。

如果想要让这些数字发挥作用，就需要把这些零散的数字重新组合排列，让它能够展现出企业的真实状态。就像把每一片拼图拼凑起来才能看清最终到底是怎样的一幅画卷那样，只有将这些数字组合在一起，企业的真实状态才会浮出水面。这恰恰就是本章中所说的方法——将三大循环像相互咬合的齿轮一样看作一个整体，才能理解企业的经营状况究竟如何。

没有一个指标是万能的随时都可以拿出来使用，所有分析都必须一边观察真实状况一边做出综合的判断，这就是所谓的"会计无捷径"。

理财技巧 70
劳动分配率是没有任何利润的无用指标

还有其他一些对会计判断完全没有作用的指标，比如**劳动分配率**。这个指标是指企业的利润当中有多少是作为工资发放给工人的。如果这个指标过低，就说明企业在"压榨"工人。我们也常能看到有人用这一指标批判公司。

> 劳动分配率（%）= 人事费用 ÷ 附加价值 ×100%

尤其是人才派遣问题被媒体放大后，总有人全然不顾泡沫经济崩溃后日本经济好不容易转向恢复，反而大肆批判劳动分配率低下，"企业并未将利润分配给员工"。

但是仔细想想就能明白，就算经济在逐渐恢复，企业立刻给员工涨薪资，也未免有些强人所难。如果一定要这样做的话，那似乎经济一下滑就应该给员工降薪才算公平。而实际上，雷曼危机爆发后，世界经济开始走下坡路，在这种环境下，企业利润也在下降。而作为分母的附加价值也会随之减少，如此一来，算出来的结果反而是劳动分配率有所提高。经济不景气后，劳动分配率反而会提高。

经济景气的时候，分配率下降；不景气的时候，分配率反而上升。

劳动分配率是一个如此容易受外界环境变化影响的指标，对于分析公司特性毫无可取之处，**在思考改善公司的良策时，它就显得更加无能了。**

如若为了批判某个公司，它倒是个合适的指标，但在实务方面却完全使用不上。产生利润的环节说到底还是销售与收款循环，以及伴随着销售与收款循环而产生的现金流。不关注应该关注的，反而被其他类似指标的变动吸引了注意，不是本末倒置吗？

理财技巧 71

想了解企业是否亮红灯，需要关注数字的变化

想要看清楚一个企业的运营状况是否陷入了危机，最重要的其实是看**数字的变化**。前面讲过的应付账款周转天数和应收账款周转天数，也都应该跟上一期做对比，看是否有较大的变动。

具体数字因企业和行业不同而有所不同。如应收账款周转天数，即使这个数字在某个公司是其他公司的两倍，也不能贸然地判断这家公司就是"危险企业"。

但如果这个数字变大了很多，那就有问题了，说明企业内部肯定发生了某种巨大的变化。

明白这一道理后，大概就能知道企业的有价证券报告书应该看哪里，那自然是过去5年的数字变化表。

可以从数字变化看出点门道的，首先要推营业收入和利润。营业收入下降，说明企业不再受顾客青睐，被顾客抛弃了。通过营业收入的变化，我们能够看清企业的发展势头究竟如何。

另一方面，利润是这个企业提供的附加价值。利润下降，就说明该企业不再能够产生附加价值了。可以想象这家企业为此不得不大打价格战，就算少些利润也要将产品销售出去。如果企业利润长期走低的话，那就说明这个企业的经营模式很有可能已经走到尽头了。

这种过去5年的变化倾向，也预示着未来5年的变化趋势。我们可以这么理解：在没有什么特别理由的前提下，过去的趋势会保持到当下，并一直延伸到未来。如果有了变数，那么背后肯定有原因，我们只要看这个原因是否合理就可以。想弄清楚对未来预测的合理性，过去的数字变化至关重要。

索尼过去5个财年的变化（合并）

年度		2004年度	2005年度	2006年度	2007年度	2008年度
	决算年月	2005年3月	2006年3月	2007年3月	2008年3月	2009年3月
营业收入	百万日元	7,191,325	7,510,597	8,295,695	8,871,414	7,729,993
营业利润（亏损）	百万日元	174,667	239,592	150,404	475,799	▲227,783
税前利润（亏损）	百万日元	186,246	299,506	180,691	567,134	▲174,955
本期净利润（亏损）	百万日元	163,828	123,626	126,328	369,435	▲98,938
净资产	百万日元	2,870,338	3,203,852	3,370,704	3,465,089	2,964,653
总资产	百万日元	9,499,100	10,607,753	11,716,362	12,552,739	12,013,511
每股净资产	日元	2,872.21	3,200.85	3,363.77	3,453.25	2,954.25
每股收益（亏损）	日元	175.90	122.58	126.15	368.33	▲98.59
稀释每股收益（亏损）	日元	158.07	116.88	120.29	351.10	▲98.59
自有资本比率	%	30.2	30.2	28.8	27.6	24.7
自有资本收益率	%	6.2	4.1	3.8	10.8	▲3.1
市盈率	倍	24.3	44.5	47.5	10.8	—
经营活动产生的现金流	百万日元	646,997	399,858	561,028	757,684	407,153
投资活动产生的现金流	百万日元	▲931,172	▲871,264	▲715,430	▲910,442	▲1,081,342
筹资活动产生的现金流	百万日元	205,177	359,864	247,903	505,518	267,458
现金、存款及现金等价物期末余额	百万日元	779,103	703,098	799,899	1,086,431	660,789
员工人数	人	151,400	158,500	163,000	180,500	171,300

从数字变化就能看出这家企业的状态发生了怎样的变化。索尼的情况是，2007年度之前营业收入都保持较高水平并稳步提升，但2008年度业绩就出现了问题。员工人数也减少，说明有过裁员

理财技巧 72
现金流不会说谎

前文中提到应收账款可以作假,但也有难以作假的指标,**现金流量计算表**就是其中之一。

现金流量表体现的是现金这一具有"实体"的东西如何流动,所以很难作假。要从数字变化这一角度来讲,我们只要看去年和今年的现金流量的差额,就能想象出这个企业在过去的一年内发生了什么事情。

这个现金流量计算表分**经营活动、投资活动和筹资活动**三个方面,计算现金的流进和流出。

如果经营活动产生的现金流变为负数,则说明企业的主营业务状况堪忧;如果是正数,则说明企业的盈利能力不错。可以说主营业务的现金流展示的是一个企业的实力。

投资活动产生的现金流,一般越是优质企业,就越容易是负数。为了确保将来的营收,企业会把资金投资到设备上,或科研开发上,因此现金是往外流出的。

筹资活动产生的现金流,显示的是企业向金融机构借款、还款等产生的现金流动。如果还款多,那这个数字就会变成负数;反之如果新借入资金,则可能会变成正数。

让我们来看看前文中索尼的例子。现金流的变化如下图所示:

索尼现金流量表的变化（合并）

年度		2004 年度	2005 年度	2006 年度	2007 年度	2008 年度
	决算年月	2005 年 3 月	2006 年 3 月	2007 年 3 月	2008 年 3 月	2009 年 3 月
经营活动产生的现金流	百万日元	646,997	399,858	561,028	757,684	407,153
投资活动产生的现金流	百万日元	▲931,172	▲871,264	▲715,430	▲910,442	▲1,081,342
筹资活动产生的现金流	百万日元	205,177	359,864	247,903	505,518	267,458
现金、存款及现金等价物期末余额	百万日元	779,103	703,098	799,899	1,086,431	660,789

从图中可以看出，投资活动产生的现金流负担加大，经营活动产生的现金流已经无法承担这部分支出，为此就需要通过筹资活动筹措资金。

从期末余额的变化可以看出 2008 年度大幅缩水。从图中可以看出，经营活动产生的现金流与往常相比减少了很多，而投资活动却产生了很多现金流。其结果导致就连筹资活动产生的现金流都无法抵消支出，所以与上一年度相比，现金减少了 4200 亿日元。

在观察这种变化之后，再去看有价证券报告书，就更容易理解数字里包含的内容。报告书里这样说明：2008 年度受到了次贷危机引发的经济低迷的影响，为应对这一状况，索尼公司计入了大量的结构改革费用。

像这样，不是单纯地看企业的数字指标而是看数字的变化，其中特别**关注现金流的变化，就能够很轻易地掌握企业的真实状况**。在此基础上，再看有价证券报告书作为阅读材料就可以了。

索尼的有价证券报告书（2008年度）中的"业务状况"

第2【业务状况】

1.【业绩等概况】

业绩概况请参考"7　财政状况以及经营成绩的分析"。

2.【生产、接单以及销售状况】

索尼生产销售的产品种类极其繁多，电子设备、家用游戏机和游戏软件、音乐视频软件等，由于其特性，原则上采取备货型生产（MTS）的方式。而索尼在电子领域的生产活动，是为了把产品库存维持在一个必要的水平，所以生产状况与销售状况很类似。为此，生产以及销售状况，在"7　财政状况以及经营成绩的分析"中，与电子领域业绩一同做介绍。

3.【亟待解决的课题】

索尼经营团队认识到的经营课题以及解决这些课题的方法，均如下所示。

2007年次贷危机爆发，引发了金融海啸，给全球经济带来了冲击，2008年秋以后，全球经济形势进一步恶化，刷新了最低历史。受全球经济下滑影响，需求减少，价格战白热化，日元不断走高，日本股市行情大幅下跌等，索尼所处的业务环境变得非常严峻，2008年度合并报表显示营业利润和本期净利润都是亏损。

索尼预测2009年度形势依然严峻，为了适应这种严峻的业务环境，索尼以电子业务为中心，着眼于速度与盈利能力，实行了一些措施来推动业务结构的改革。作为其中一环，电子业务已经采取了一些短期措施，如调整生产、压缩库存、削减经费等各项费用，将来还会不断采取各种措施，例如削减和延长投资计划、缩小或放弃没有盈利能力的业务和非战略性业务、重组国内外工厂、重新配置人才、裁员等。并且还对非电子业务，也在全集团内进行了结构改革，并大幅削减广告宣传费用、物流费及其他各种经费。索尼2009年度全集团的目标是，与2008年相比，削减3000亿日元的经费，目前正在朝着这一目标奋斗。

对于结构改革费用，相对2008年度的754亿日元，预计2009年度大约是1100亿日元。此外，设备投资方面，2008年度最终数字是3321亿日元，大大低于最初的计划。2009年度，以电子业务为中心的各项业务结构改革费用将比2008年度减少25%，预计为2500亿日元。电子业务中，半导体业务将会减少对图像传感器的投资，预计将比2008年度减少450亿日元，最终投资额约为350亿日元。

此外，2009年4月1日开始对电子业务与游戏业务实施结构改革，目的是对这两大事业的运营进行根本性的改革。计划将电子与游戏两大业务进行战略合并，强化体制，创造出与网络相连的产品与服务，与此同时设置与软件技术和制造、物流、材料周转相关的两大横向功能，把与网络兼容的产品和服务，通过共通用户界面进行无缝衔接，用优惠的价格、及时地呈现给顾客。

理财技巧 73

投资未来，筹资与投资循环

到此为止，我们讲了销售与收款循环和购货与付款循环是如何运转的。这种运转状况对于我们理解企业现状非常有效，让我们不仅仅看数字，还能在掌握企业真实状态的同时，清楚了解其经营状况。

然而另一方面，仅靠这些，我们依然不能预测未来的情况。企业的未来可以通过观察它投入多少资金在投资上来推测（尽管不一定准确）。

比如一个企业好不容易实现了"V字复活"，可却不将资金投资到新产品的研发上，那么这个企业的好转可能也只是暂时的"回光返照"而已。仅靠压缩资产与负债的手法，经营状况的好转也不会持续多久。

而想要了解企业怎样投资未来，还是得靠现金流量计算表。出售资产会把投资活动产生的现金流变为正数，出售所得现金拿去偿还负债，于是筹资活动产生的现金流会变成负数。这本是件好事，但倘若一直这样控制投资活动的金额，企业的未来发展状况也不会很好。

话说回来，不断地投入资金导致投资活动过甚，营运资金就会变少，企业可能就出现经营危机。想知道筹资与投资循环是否稳定运转，可以关注长期资产适合率这一指标。这个指标显示的是长期借款等项目与设备投资之间的平衡关系。

> 长期资产适合率（%）=（固定资产+长期投资）÷（所有者权益+长期负债）×100%

从这个指标，我们可以看出净资产和长期负债得出的资金如何使用在固定资产上。如果这个数字超过10%，就说明有问题。这就说明净资产和长期负债已然不能满足固定资产的资金需求，企业必然投入了更多的短期负债。

资产负债表

资产	流动资产	负债	短期负债
			长期负债
	固定资产	净资产	

作为企业，需要稳健经营，而打开通向未来的可能性却需要更积极的经营策略，为了平衡这两种经营策略，我们就需要用长期资金源来更好地匹配固定资产。如果无法满足固定资产的资金需求，那么就需要向银行借入长期借款，或是让销售与收款循环和购货与付款循环

正常运转产生利润,用留存收益来补充所有者权益,然后在此基础上再去做投资。

完成齿轮组

销售与收款

购货与付款

筹资与投资

理财技巧 74
时间观念与现金流

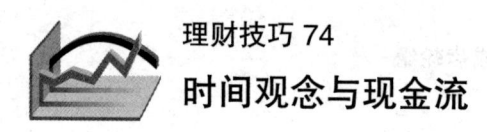

前文中提到的各类循环都与**时间**关系紧密。无论应收账款周转天数，还是应付账款周转天数，单位都是时间。经营企业时，时间这个要素会产生巨大的影响。

倘若研发晚了一些，收回研发资金的时间就会拖后，就会直接变成固定费用，变成负担，公司也会跟着陷入危机。

在技术进步飞速的行业，大型企业会去收购创业公司，而这一举措其实也跟时间息息相关。行业巨头自身会具备相应的研发能力，他们收购其他小公司实际上是一种经营技巧，为的是节约开发的时间。

被誉为"时间机器经营"的软银（Softbank）社长孙正义，他的经营理念也是在时间上下功夫。在美国普及的服务传到日本有一定的时间差，孙正义就是巧妙利用这一时间差来开展商业。软银的做法可以说是一种把时间当战友的经营思路。

这种时间观念不会直接体现在决算报告中。如果不抓住几大循环指标深入分析循环周期的话，我们很难从一堆数字中看出门道来。正因如此，我才推荐观察数字变化的这个技巧。

我希望大家能够在培养这种时间观念的同时，一并关注现金流的状况。

应收账款太容易作假，所以不能过分轻信这个指标，而应该认真关注难以作假的现金流的变动情况。如此我们便不会被数字蒙骗，这也能帮助我们更加准确地把握企业的真实状态。

第七章

四季报阅读技巧

理财技巧 75
看懂四季报，不看决算报告也没关系

企业发行的 IR（投资者关系）资料中，有一本很厚的资料叫《有价证券报告书》，一般每年出一本。这个有价证券报告书信息量非常大，如果想深入了解一家企业的状况，也许看明白这本报告书就是最好的方法。不过，对于不具备专业知识的人而言，信息量太大，反而会让你摸不着头绪，不知该从何下手。就算是同一行业的公司，每一家报告书的格式都不一样，所以想以报告书为基础来对比各个公司的优劣，也不是那么容易的事。

除了有价证券报告书，企业发行的 IR 资料中，还有一种每年发行四次的《决算短报》，里面的信息也很丰富。然而可惜的是，这里面只有本年度与上年度的数据，如果你想看看每年数字的变化，预测企业未来的走向，那这个资料就无法起到太大的作用。

想要对比各个企业的经营状况，最称手的资料当属东洋经济新报社出版的《公司四季报》。这种四季报，每年出版 4 期，上市公司的信息按照统一的格式收录其中。不仅如此，里面还有过去 5 年的数据和未来 2 年的预测数据，所以各项指标的变化都一目了然。与其毫无头绪地看决算报告，不如参考这个资料，能更容易地把握企业的全貌。

这个资料也出了 iPhone 版，我们通过手机就能随时获得想要的信息。如果你想，也可以购买 CD 版的四季报。有了电子版，我们就不需要整天扛着"砖头书"到处走了。

四季报通过简洁明了的标题和文章，评论每个企业存在的课题和未来的发展前景。文章短小精悍，却五脏俱全，让我们一眼就能了解企业的总体情况。

也有人认为四季报的信息量太少。但是只要你习惯了四季报的思维，就能从短短的篇幅中，挖掘出大量的信息。倒退、下行、低迷，仅仅三个词，可听起来的感觉，却又有微妙的差别。

倒退——与上期相比是负增长

下行——未达到上一期季报（3个月前）的业绩预期

低迷——与过去相比，利润水平为负

《公司四季报》业绩栏标题中的常用词汇

	与上期相比	与上一期四季报相比
正面印象	【史上最高利润】【改革】【飞跃】	【大幅增加】
	【利润大增】【快速增长】【连续增长】	【增加】【利润增幅扩大】
	【利润增加】【形势大好】【走高】	【上调】
	【坚挺】【略呈上行趋势】【利润微增】【恢复】	【上行】【利润转为增加】
中性	【放缓】【持平】	【利润降幅缩小】
	【探底】【基本探底】	【利润增幅缩小】

续　表

	与上期相比	与上一期四季报相比
负面印象	【略呈下行趋势】【利润略降】	【下行】【利润转为降低】
	【利润减少】【后退】【下降】【下跌】	【下调】
	【利润大减】【骤降】	【减少】【利润降幅增大】
	【连续下跌】	【大幅减少】

（《东洋经济周刊》2009 年 8 月 15/22 日刊）

理财技巧 76
四季报中需要确认的重要项目

在四季报中，首先需要确认的项目是**营业收入与营业利润**。当然关注的是它们如何变化。从几年的数据变化，就可以看出企业发展趋势是营业流水和利润一起上涨，还是流水和利润一起下降。如果企业是营业流水增加，但利润下降，则说明企业内部浪费较多；如果是流水降低，但利润增加，则说明企业的盈利能力增强。

现金流量对企业而言至关重要，从这个指标，我们可以很容易地了解企业的资金周转状况。在决算报告中，现金流量计算表下还罗列了很多小项，但在四季报中，只简单地写了经营活动现金流量、投资活动现金流量、筹资活动现金流量。其实想要了解企业的现金流状况，光靠这些数字就能大概理解。经营活动现金流量若为正数，至少说明这家公司的经营活动还在正常展开。

有息负债也是四季报的一大特色，只有在这里才能看得一清二楚。因为在决算报告中，有息负债都分散地记录在不同科目下。而四季报则汇总了这一信息呈现给读者。有了这个指标，我们很快就能知道某家企业到底有多少负债。我们可以将这个指标与股东股权、总资产、营业收入和经营活动现金流量做个比较，看看企业的负担有多大，又需要多少时间才能偿还这些负债。

接下来，我们用四季报的信息，来具体看看手机行业的两家竞争公司 NTT DoCoMo 和 KDDI 的 au 的经营情况。NTT DoCoMo 的营业收入和利润基本是持平的状态，经营活动现金流量是正数，有息负债是 6249 亿日元。KDDI 的营业收入和利润基本也是持平，经营活动现金流量为正数，有息负债为 7075 亿日元。

两家公司看起来都很好，不过请大家注意一下有息负债的金额。NTT DoCoMo 是 6249 亿日元，相对地，KDDI 则是 7075 亿日元。看起来，似乎 KDDI 的企业负担要大一点点。

但是，请大家再看总资产。NTT DoCoMo 的总资产是 6.5 万亿日元，而 KDDI 只有 3.5 万亿日元。大家是不是注意到后者的总资产少得有点多了？从有息负债的占比来看，NTT DoCoMo 的是总资产的十分之一，而 KDDI 的却占总资产的五分之一。这下就能看出，KDDI 对有息负债的依赖度更高。

接下来看看软银的四季报。虽然营业收入和利润双双增加，经营活动现金流量也是正数，但有息负债居然高达 2.3 万亿日元，比前面两家高出不止一点了。软银的总资产是 4.3 万亿日元，由此可知软银总资产的一半以上都是依靠有息负债筹集的。如此庞大的有息负债规模，对软银是否是沉重的负担？软银是否有足够的能力偿还这些负债？不同人有不同的答案。而答案不同，则对软银这个企业的评价也会发生很大变化。

除此之外，我们还可以关注股价。过去 3 年和最近 4 个月的最高值和最低值都会有记录，可以用来把握股价走势的大概感觉。

顺便一提，员工人数、平均年龄、平均年薪也是需要确认的项目。有了这些信息，我们就能很容易想象出这些企业都有些怎样的员工在为它们工作了。

如何解读员工人数（例）

● 员工人数多，平均年龄低，平均年薪低。

→尽管现在成本较低，今后人事费用支出也会加大。

● 员工人数多，平均年龄高，平均年薪高。

→还有削减人事费用的空间。如果一直持续这个数值，那么可以判断这家企业没有裁员的意愿。

● 员工人数少。

→虽然看起来经营效率高，但也蕴藏风险，如员工集体离职导致经营忽然中断。

● 成立时间长，但平均年龄低。

→可能该企业员工平均工作年数短，对员工而言不是一家特别合适的企业。

理财技巧 77

从人事和持续经营的角度看企业是否危险

　　四季报中还记载了高管的人事信息，这也是需要确认的项目。高管像走马灯似的频繁更换，就不是一个好的征兆。尤其是管财务的高管更换频繁，我们可以理解为该企业的财务肯定有问题。

　　除此之外，当一个企业的总经理是该企业的所有人时，如果副总经理经常更换，说明该企业有问题。同理，企业所有人担任企业董事长，如果该企业总经理频繁换人，也说明该企业存在问题。因为这就证明该企业的所有人掌握着实权，且比较专制，对于不顺自己心意的高管，直接开除。这样的话，该企业就容易发生企业所有人与经营层之间的相互倾轧。顺便一提，想知道企业老板是否也打入了经营团队，可以查看股东信息那一栏。

　　此外，如果从外部聘任的高管经常换人的话，说明这个企业可能非常保守，比较排外。

　　如果你跟某个企业有直接的接触，那么你就可以关注跟你有业务关系的负责人。如果也是频繁换人，说明这个企业很有可能发生了一些不好的事情。

　　此外，四季报还有特刊页，上面是**"持续经营堪忧的公司一览表"**。这个一览表会更直观地告诉你，哪些企业未来发展堪忧，需要注意。

　　在决算短报中，如果企业今后的经营可能难以为继，就会标记为"对企业持续经营这一前提存有疑虑"；今后虽然很危险，但还是采取了相应的措施来改善经营状况的企业，其决算短报中会有"与企业持续经营这一前提的相关重要事项等"的记载。

但网上公开的企业信息，一般会故意将这些信息刊登在很难找到的板块，而四季报则会将这些信息汇总到一览表中，方便参考。

顺便一提，在《公司四季报》2010年第2季里，3728家上市企业中，标注"对企业持续经营这一前提存有疑虑"的企业有武富士、Fullcast控股公司、Laox等124家。而标注了"与企业持续经营这一前提的相关重要事项等"的企业有Best电器、田崎真珠、小僧寿司、Pia株式会社等107家公司。

理财技巧 78
决算短报要看文字部分

在决算短报中，应当注意的地方不是数据，而是文字部分。决算短报中第一部分是"I 基础信息"，这部分写的是业绩数据，在它的下面是"II 定性信息和财务报表等"的部分。而这第二部分的前半段，也就是定性信息的地方，写得更多的是文字，而不是罗列数据。

这部分一般会简明扼要地介绍业界动向、企业在这段时间开展了哪些活动以及今后计划如何展开业务。

当然这部分由企业行政部门或会计部门的内部人员编写，所以多少会把内容往好了写。经常出现的情况有故意不去提及业绩不好的部门或业务，将业绩不佳的原因归咎于外部环境，等等。只不过，业绩不佳也不代表没有看头，比如看这家公司如何认识到自身业绩不佳的原因，也不是坏事。

此外，也可以通过这部分了解企业的战略，例如，如何规划今后的发展战略，或需要克服一些怎样的困难之类的。这些信息，只靠会计数字无法获知。因为**有很多信息，只看定量信息根本看不出来，而只有看定性信息才能了解**。

当然，对于这部分的内容全盘相信也是有问题的。我们还需要结合第三方的客观评价做出比较。这时，专业分析师的判断和四季报的内容就能助你一臂之力。

理财技巧 79

四季报的业绩预期高于企业自身的预期，则"买进"

企业发布的业绩预期，也是需要小心的部分。搞投资的人之间，流行着这样一句回文："**预期是欺愚。**"没有比业绩预期更微妙的东西了。老老实实做生意的公司大多比较保守，发布的预期数据也比较低调，而捉襟见肘的企业则自身期望较大，发布的预期数字一般都比较高。

此外，即使企业并无恶意，但当今的经济环境瞬息万变，难以预测，从这点来说，预期终究逃不过"骗子"的命运。

如果是泡沫经济那样产品需求旺盛、供给难以满足需求的时代，那么企业能制造出多少东西，就能售出多少。现今这个供大于求的时代，企业只能期望着消费者购买自家的商品。在众多产品与服务当中，企业生产的商品是否能受到青睐，实在是很难预测。最终，预期就变成了骗人的数据。不管你是正着念还是倒着念，之前的那句回文都是一个意思："预期是欺愚。"

因此，如果有企业自家的业绩预期还低于四季报的预期，那么这家企业很有可能就是一家在预测业绩方面很谨慎的企业，这么一来也可以判断这家企业的股票值得买入。

理财技巧 80
能被 NHK 报道的企业很值得信赖

平时我们随意地看电视，其实电视里也隐藏着投资技巧，那就是公信度高的电视节目特别采访过的企业，一般都比较有实力。换而言之，如果看电视看到了某家上市公司，那么我们可以立刻做出判断："这个公司短期内应该不会破产""看来这个公司的股票也可以买一点"。

为什么敢下这样的判断呢？

这要从电视台的特性说起：

电视是一种能够对很多人产生影响的公共媒体，如果电视台做出损害自身公信力的行为，那么它作为媒体的立身之本就会很危险了。"那家企业上了电视没多久就倒闭了"——如果出现这样的情况，那不仅会损害节目组的公信力，还会变成其他媒体的把柄，所以电视台的工作人员都会尽量地避免这种情况发生。

为此，越是不屑盲目追求眼前的那一点点收视率的节目组，在选取报道企业对象时就越会慎重地研究这家企业是否有问题。而电视台不仅有经济类记者，还有警察、司法专栏的记者，所以他们能够通过各个部门来收集企业的相关信息，帮助判断。

反过来说，我们也可以认为在电视节目中露脸的企业，是通过了层层筛选的实力企业。

尤其 NHK 是从国民那里直接收取电视费，在制作节目的时候，就会非常小心谨慎，不让自身的公信力受损。此外，即使是民营电视台或经济节目，也会因为采访的企业没多久就倒闭了而受到观众的质疑："你们真的懂经济吗？"因此，这些节目都会细致地调查采访对象的财务状况。

理财技巧 81

要懂得质疑会计知识

会计知识不仅可以用在股票投资、授信管理（判断对方是否值得信任）上，还能用于企划或说服客户购买产品，是用途很广的知识。但是一旦盲信，就会让你摔个大跟头。

我最初就职的公司每年的销售业绩和利润都保持着增长态势，却不巧在我进公司的前一年业绩和利润双双下跌。当时对于会计知识并不十分了解的我，看到了如此惨淡的数字，就觉得那个公司肯定就快要破产，于是辞职了。结果没想到那家公司后来重整旗鼓，再次恢复业绩利润一同上涨的强劲态势，而今已成为业界数一数二的龙头企业。

我事后发现，其实那家公司当时正在重组业务，所以才导致了业绩和利润的缩水，而经过调整后，企业变得更加"强壮"，新的业务构成促进了企业的持续发展。当时的利润缩水不过就是为了实现新生而经历的"阵痛"罢了。

本身就是一知半解，却还要去展示自己的知识水平，最终就会犯下类似的错误。会计不仅需要学习，还需要实践。仅靠书本上学的知识就想精通，实则是妄想。以书本知识为基础，再抓住身边的机会，一点一点地实践才是正道。然后当你完全掌握了它们之后，再以谨慎的态度，去将之活用在一些实践性的行动上。

一般来说，第一次接触会计的人，**至少需要 1 年的时间来反复学**

习和实践。

至于为什么一定要付诸实践，是因为会计接触到的只有定量信息。而想要做出点判断，定量信息和定性信息缺一不可。只看数据是肯定行不通的，还必须对数字里隐藏的内容有一定清楚的印象。数字上显示的是业绩和利润双双缩水，但我们还需要看看定性的信息，看一下是被消费者抛弃了，还是自身的业务重组，才导致这样的数据出现。

理财技巧 82
看清数据与实际情况

看到这里，我想大家就能很清楚，下判断时为什么不能只看数据了。因为这样我们会漏掉很多因素，而这些因素却又是光看数据所看不出来的。

这种只看数据做分析的错误做法千奇百怪，其中一个就是比较行业平均值的做法。

我们可以通过中小企业厅公布的《中小企业实际状态基本调查》，或 TKC[①] 发布的 "TKC 经营指标" 等，查看每个行业的标准决算数据。但是这种比较数据的方法究竟有没有帮助，也并不十分确定。

一个行业，有运转良好的公司，也有经营惨淡的企业。并且在很多行业里，好坏两种企业都是这样泾渭分明。然而将占绝对优势的优良企业和处于劣势的企业之间算出个平均数，结果又如何呢？结果就是给我们展现了一个既不是胜者也不是败者的奇怪公司。这种公司是虚构的存在，现实市场中不可能出现这样的行业状态。

如果按照这种虚构的公司状态为标准去运作企业的话，会得出什么样的结果呢？我想大概也只能做出个半死不活的公司吧。在胜负分

[①] 日本税理士（税务师）会联合会，主要职能是为税理士注册登记申请。对各地税理士会员做出指导、联络、监督等工作。——编者注

明的市场中，这就意味着失败。当你拿业界平均值来当基准时，你的失败就已成定局了。

把业界平均值当作标准，还不如**把业界龙头企业当作参照物**更好。为什么那家企业能够立于不败之地？它的利润结构是怎样的？即使不能马上复制别人的模式，也要一点一点地追赶上去——这才是在激烈市场竞争中生存下去所需的必要条件。

数据常常一目了然，我们也容易被数字牵着鼻子走。但是数据之外，还是有企业实情的存在。如果忽视了企业的实际情况，那么我们肯定会错过一些非常重要的东西。

四季报在这点上就包含了发行方对企业的评价。虽然如何看待企业的实际状态，可能每个人都有自己的偏好，但这种观点也是帮助我们把握企业实情的一个好材料。

在分析数据这一定量信息的基础上，综合企业实际状态这一定性信息，再下判断。想要用这个方法来分析的话，四季报就是个非常有用的好帮手。

第八章

"超越"会计思维技巧

理财技巧 83
营业收入是企业的力量

一般刚入门的新手会注意营业收入的变化，而水平达到中级的人会发现利润的重要性。但如果晋级为会计高手后，就会发现**企业力量的源泉还是要数营业收入。**

为什么这么说，因为无论你是想重组、削减经费或是开展新的事业，都需要你首先达到一定的营业收入规模，否则一切都无从谈起。营业收入增加，表明顾客认为企业提供的产品和服务物有所值，值得花钱去购买。而且正是拥有了相应水平的客户群体基础，企业才有资格去谈重组或开展新的业务。

不仅如此，费用在某种程度上是很好掌控的，而商品的销量却是由消费者来决定的。所以想要提高营业收入，就必须绞尽脑汁，想尽办法去让消费者来选购自家的产品，而这一点却不是企业能够控制的。营业收入增加与否，不会随着企业的主观意识而转移，还需要他人的参与，所以说是具有客观性的公正的数字。所以我们才能说它是企业所拥有的力量。

资产也同样可以显示企业的实力，但不同于营业收入的是，资产会出现偏差。因为计算方法不同，资产价值的数值也会有很大出入。是按照购入这一资产当时的购置价记账，还是按照市价记账，最终得出的资产价值都大不相同。从这点来看，很难说资产能够表现公正的价值。

但是营业收入却是很公正的价值。如果产品的价值得不到消费者承认，自然也不会有购买量，进而也没有那么多的营业收入计入账本。所以我们可以说营业收入是一项很公正的指标。

最近越来越流行"经营瘦身"，不少人开始批判一味追求营业收入规模的经营思路。当然，这种想法肯定是有它的道理。然而另一方面，也有过分低估营业收入价值的嫌疑。会计高手正是因为了解营业收入作为公允价值指标的作用，才能做出正确的评价。

在本章中，我想介绍一些超越这类正统会计思维框架的"超"会计思维。

理财技巧 84

定价是经营者的工作

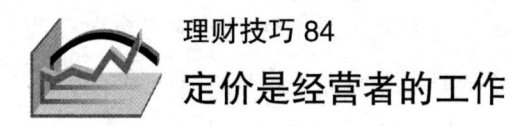

京瓷公司董事会名誉主席稻盛和夫说，**定价是经营者的工作**，强调此事的重要。决定企业的产品和服务的售价是多少，需要很强的经营判断能力。

创业之后，你会发现最费脑子的也是定价一事。客观来说，应该给商品定一个怎样的价钱，在看不见相关指标的情况下，并不十分明确却还得决定价格，本身就是难事。因为定价是一项决定商品和服务的公允价值的工作。

关于这点，普通上班族无须烦恼，因为自己的薪水有多少，都是基于公司既定的评价标准决定的。上班族是把给自己定价的权力转让给了公司。虽说如此一来，我们不用关心定价的事，也算是无事一身轻，但另一方面，也等于是把决策过程让给了公司，永远都学不会站在经营者的角度来思考问题。

经营者的角度，具有一种冷静判断自身公允价值的客观性。如果把这种判断交给别人去做，那会怎样呢？肯定就很容易爆发主观的不满情绪，也就是很容易变成一个爱抱怨的人。这就是经营者和普通员工之间的思维的区别。

一般定价的方法可以大概分为两种。一种是**成本导向法**。这种做法是把成本叠加计算，最后再加上利润，得出产品价格。这种做法是边算成本边定价，所以不存在定价低于成本价的风险，而加上多少利润，则是自己就可以全权决定的。

但是，这种方法定下的价格，到底能否获得市场认同还未可知。此外，这种方法也没有考虑竞争对手企业的动向。于是这个价格能不能转化成作为公允价值的营业收入就是个疑问了。不仅如此，如果这种"成本＋利润"的公式得出的价值获得了顾客的认同，那么也有可能因为定价过低，而白白放走了那些本应跳进自己碗里的利润。

于是便有了另一种定价方法，那就是**与其他公司比价的"竞争导向定价法"**。这种方法就是思考与其他公司的同类产品和服务相比，到底多少钱的定价才算妥当，是一种战略性的定价方式。

为了实现市场渗透而不惜设定低于成本价的销售价格，这种方法叫作**市场渗透定价法**。例如，PS等游戏机在刚开始销售的时候，都是按照低于成本价的价格出售，因此产生了巨大的赤字。但他们靠着低廉价格迅速占领市场，然后通过销售游戏软件和努力降低游戏机本体的生产成本来获取最终利润。

还有一种相反的方法，叫作**撇脂定价法**。这种方法是在产品上市初期大胆设定较高价格，好尽快收回研发费用。同样是索尼公司，在销售有机EL电视时，就是按照每11英寸20万日元的高价出售的。与液晶电视和等离子电视相比，这种定价相当高。如果能够尽快收回研发成本，那么之后就能够大幅降价，进而提高价格竞争力。

但另一方面，定价过高会降低产品的市场渗透能力，这是一大缺点。如果消费者没有其他同类产品可买，倒也无虞。但是一旦出现液晶或等离子之类的替代品，销量肯定就不太喜人了，最终会以退出市场的结局惨淡收场。

这类以比较的方式设定价格的方法，其过程很容易受到其他厂商的影响。我们无法只依靠会计上的以成本计算为基础的定价方法来定价。

理财技巧 85
牵动人心的心理价格

从成本导向法发展到竞争导向定价法，让企业在定价时将竞争对手厂商的状况也纳入了考虑范围。但即便如此，这个方法还是漏掉了一个重要的因素，那就是人的心理因素。

人是一种非常感性的生物，即使知道奢侈品的成本价低得让人大跌眼镜，也依然会乐此不疲地去追逐，就算看到 1980 日元的价格，也会觉得才不到 2000 日元，便宜得很。要是奢侈品按照成本导向法定价的话，估计奢侈品的形象就从云端跌入泥地。毋庸置疑，在给产品定价时，成本如何很重要，其他竞争对手的情况如何也很重要，但是最重要的还是如何戳中消费者心理。而这种专戳消费者心理的价格，就叫作**心理价格**。

这里希望大家特别注意的是奢侈品的品牌效应。品牌效应一般是不会体现在会计报表上的，因为很难计算出它的公允价值[①]。

但是如果对这个隐藏在会计数字背后的力量加以充分利用，可能会让我们获得意想不到的巨大利润。这种价格构造恰恰就是超越了会计思维的思维方法所构建的。

[①] 也有例外，那就是企业并购时，品牌也是可以买卖的，这时的品牌会作为"经营权"计入报表。在并购交易时，企业会对品牌的公允价值做评估，便可将之视作资产。

那么企业要怎么做才能获得这种品牌效应呢？

我在广告代理公司工作时，曾听到过这样的论调："不要把广告费看作费用，而应该看作投资，是为了品牌而应该投入的钱。"的确，随着广告的热播，品牌知名度也会节节攀升，品牌效应也自然水涨船高。

然而这种依靠重金投资包装出来的品牌都是空中楼阁，如果没有相应的实体做后盾，相信很快就会无法支撑。广告代理公司口中的"广告费是投资"，大多对广告代理公司自身有利，无法洗清"股评师的一面之词[①]"的嫌疑。

那么能够产生品牌效应的实体和源泉到底是什么呢？如果要给个关键词的话，我想应该是**超出预期**。面对同样的价格，如果你只是提供同等价值的东西，那么无论如何也不会有所积累。只有提供远超价格的服务，才可能慢慢地培养出品牌力。

丽思卡尔顿酒店提供超出客户预期的服务，拯救客人于水火，因此缔造了一个又一个神话，在业界广为流传。例如，曾有一位客人把演讲材料忘在了房间里。没有了演讲材料，演讲根本无从谈起。这时快递给客人显然已经来不及了，于是酒店就会派员工拿上材料，立即奔赴现场，亲手交到客户手上。

光看酒店这种举动，或许有人会觉得有些亏，应该批评。然而，正是一次又一次地提供超出客户预期的服务，才有了今天丽思卡尔顿酒店这个品牌。

如果只从会计战略的角度来看，提供远超出售价格的产品或服务，最终只会给企业带来损失。但如果交易只是等价交换，那么对客户而言，就只是一场不赚不赔的交易。那么，我们如何才能为消费者提供更多的附加价值呢？

---

① 指的是发表对自己有利的言论，以控制市场行情走向。

神户女学院大学名誉教授内田树认为："劳动从本质上来说就是提供'超出预期'的价值。"对于已经拿到手的工资，应该怎样去回报？这种义务感和负债感便是劳动的本质，所以人才会一不小心就奉献出了远超工资的回报。

而这些付出，又会以另一种形式回馈自己。它可以是客户的信任，可以是你在公司内部的评价上升，也可以是工作技能的提高，这些都是你获得的东西。

然后企业的话，收获的就是品牌效应了。你多付出了一些，到头来还是会获得相应的回馈。经济这种东西，与其说是严密的等价交换，不如说是在付出与收获方面存在一个时间差，并且最终你的付出与收获还是会获得平衡。

就像这样，在会计上必须要避免的"提供过多的价值"，在构筑品牌效应方面却需要积极地付诸实践。企业经营，需要的正是这种超越会计思维的经营判断。

理财技巧 86
免费才是最强武器

有一种可以实现这种"超出预期"的终极定价战略,那就是免费。既然不从客户那里收钱了,那么免费提供的价值自然也都是超出客户预期的。

"免费"的力量非常强大。它意味着放弃营业收入,对于做生意而言,可以说算得上是最强杀器。有一本叫《从免费中赚钱的新战略》的书很受关注,这也难怪,如果是免费的话,自然谁都愿意拿一个。然后这本书讲的是如何从免费出发,然后最终将之转化为营业收入的故事。

这世上,没想到"免费"的服务还真挺多的。如免费加班就是其中之一。虽然加班也没有加班费,但是基于自身与企业的关系而无偿地奉献自己。也正因为有这种奉献,才能长期确保工资这一营业收入,这是一个好处。

如果你觉得免费加班未免有些吃亏,就会变得压力很大。不过,如果你能下点功夫,把免费加班和以后的晋升或在公司内外的活跃表现、营业收入结合起来的话,那么这种免费战略也不算是什么苦差事了。你也能把眼光放得更远,并且做出更好的得失判断。

这类积极的免费战略,往往会产生意想不到的效果。不仅能够提升长期的营业收入,还能学到专业技能,也能构筑起信赖关系。而用这种方法构筑起的信赖关系，便是有价无市的品牌效应。这种信赖，最后还是会变成资本。

事实上我的免费战略也促成了我的首次出道。当时有一个叫作"会计师补会"的团体，算是个青年会计师的组织。有一次，一位前辈邀请我去一个聚会，而这个聚会正好就是会计师补会的一次集体活动。在聚会上，我被选为了干部，变成了志愿者。由于是会里负责日常事务的人，所以除了麻烦还是麻烦，没有什么好处。但是我觉得既然做了，那还是应该做出点成绩来，所以半年后的干部选举时，决定竞选宣传委员长。

有了宣传委员长的身份，我结识了很多人，最终让我有机会在会计师考试专科学校的校刊上开始了连载。那就是《女大学生会计师事件簿》系列。

连载本身只是为了满足自己的表现欲望而已，所以是免费的。不过没想到连载了一年后，也积累了不少的文字量，我想不如出版成书，结果没想到一出版，一不小心就成了畅销书。

虽说只是专科学校的校刊，但读者也有 5 万人之多。而且与普通杂志相比，它作为枯燥学习生活的调剂，可以在课间的休息时间细细品读。免费连载，让我在不知不觉之间就获得了 5 万人的读者群。

此外，学校的学生，考到会计师资格证后，一届一届地毕业离去。也有入学后从中间开始看连载的人，也就是说，大多数人只读了连载的一部分。这么一来，自然而然地就会产生"想从头到尾看完"的心情。于是我便在满足了这样的天时地利人和的条件下，出版了那本书。

最初是自费出版，完全是为了满足自己的虚荣心。我也不想花过多的钱出书，所以是 3000 本起印的。然而后来在各种因素的叠加推动下，竟然也卖出了 6 万多本。

自 2002 年开始连载，直到现在我也继续免费连载，这是因为我深知这个免费战略最终会给我带来巨大收入。每年，通过这本校刊，我又和更多的新读者建立起了联系。

还有一个小小的优点，那就是免去了我发付款通知的时间。为了几千日元的稿费，还要专门去发付款通知，一系列的手续对双方来说都是个麻烦。与其这样，还不如一分钱都不要，也无须发付款通知，省去了我不少麻烦。

大众文化有个特性，如果不是低成本就无法普及。电视催生出了电视文化，大概可以免费收看电视这点起到很大作用。互联网上的内容，也正因为大多是免费的，所以网络才能引发巨大的社会变革。

由此，我们也能看出这种超越了会计思维的判断，能带来怎样大的影响吧。

资格考试培训学校 TAC 的校刊《TACNEWS》

理财技巧 87
熟客才是生意长久的根本之道

这种品牌效应并不是企业的"所有物"。它不是企业所拥有的东西，相反，存在于每一位顾客心中的品牌形象的总和才是品牌，才有力量。从这个意义上看，或许我们也可以说企业不过是替顾客"代管"品牌罢了。而品牌，也只属于这个品牌的忠实用户群。

为了更加直观具体地理解这种依靠追星族支撑的品牌形象，我们来看一看娱乐界是怎么做的。

娱乐界的营业收入很简单。剧院和体育场这种依靠观众支撑的地方，就是**座席数 × 单价 = 营业收入**。

而费用，除了负责表演的人的相关费用之外，还有会场费用、保安、工作人员等的费用。这些费用都是固定费用，基本上不会因上座率而产生变化。为此，上座率越低，那么营业收入就越低，然后直接影响利润也跟着走低。

于是，这类商业模式可以考虑两种方法来提高营业收入。

一个是**大幅提高座席数**。如果将几千人规模的活动，变成几万人规模的活动，那么营业收入就会变成10倍，而且费用还不会增加太多。至少负责表演的队伍还是一样的。像GLAY或是SMAP组合这种动辄以万人为单位开演唱会的艺人，他们举办活动的利润空间就非常大了。

还有一个提高营收的方法，便是**重复同样的表演**。同样的设备，同样的表演，全国巡演一次，也会带来利润的大增。

然而这两种方法很明显效果有限。因为他们每次都必须去吸引新的观众，即还没看过表演的人。完全就像刀耕火种的原始农业一样，在一片地里获得产出后，再换一个地方。但是这种做法根本没有可持续性。

于是，确保顾客能够多次来观看就变得尤为重要。如果顾客能够变成熟客，那么即使是同一场表演，观众也会去看很多次。而成功捕获一大批熟客的表演就会成为长期剧目。在舞台剧市场上，歌舞伎或四季剧团等就是凭借那些常来捧场的回头客支撑起来的。

如何让每次都来的顾客感到满足，以及如何将新顾客变成老顾客，就是让事业持续发展的关键所在。

这个角度，在思考其他领域时也同样重要。一项事业，如果完全按照"刀耕火种"的方法去展开，那就肯定无法长久下去。"买一次，不会再有第二次"这种商业模式，即使能带动起一阵风潮，也完全看不见未来。

事业的持续性并不由企业规模或资产的多寡来决定，**而是由熟客，也就是产品的簇拥者们来决定的。**

营业收入有多少是熟客贡献的，单从会计数据很难看出来。结合会计数据，来把握企业的实际状态，尤其是把握顾客的实际状态，才是关键的关键。

理财技巧 88
会计、市场营销其实互为表里

　　这种熟客问题，在需求远大于供给的年代并不十分重要。重要的是如何才能更快、更便宜地制作产品，因为做出来就肯定能销售出去。换句话说，也就是无须考虑生产出来的东西没有销路、积压在手里的问题。

　　然而，现在人民群众的物质生活极其丰富，已经不可能再出现经济高度成长期那种巨大的市场需求了。只要生产出来就一定卖得出去的时代，已经一去不复返了。更糟糕的是，很多生产商生产的产品都极其雷同，于是出现了供给过剩的问题。需求变少而供给变多，在这样的时代，库存就是决定一盘棋局死活的关键。通过市场营销来唤醒需求，同时再根据需求管理库存，就变得尤为重要。

市场营销与会计互为表里

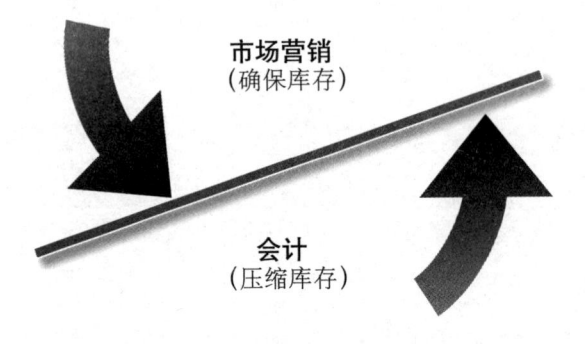

市场营销
（确保库存）

会计
（压缩库存）

市场营销与会计，其实是互为表里的存在，二者中间正好夹着库存管理。三者需要有机结合起来。从会计学的观点来看，库存必然是越少越好。以至于有人直接说"库存"就是"哭蠢"。而另一方面，从市场营销的角度来看，库存太少，则有可能会白白放掉一些销售商机。

库存太多则需要废弃，引发损失。而库存太少则错失商机，同样会引发损失。会计和市场营销相互纠缠不清，而库存正好夹在二者中间。

不仅制造业如此，服务业亦然。服务业的库存是人才。员工多了，就有人不认真工作；员工少了，则无法提供快捷的服务。会计学认为应当极力地削减人事费用，而市场营销的观点则认为人事缩减过头，很有可能会导致错失商机。这里我们依然需要找到两者之间的平衡点。

像这样，保持一个均衡的库存，对于开展事业来说非常重要。可如果我们仅从会计视角出发，就必然会错过市场营销的要素。价格设定、免费战略、品牌效应和熟客问题，只有跟这些市场营销战略结合起来，会计思维才真正能够活起来。

理财技巧 89
会计、市场营销与创新

　　本书想要传递给大家的信息并非会计思维是万能的。会计思维也是一种从一个较为偏颇的角度来观察事物，仅此而已。在照亮现实的一个方面的同时，也错过了其他的要素，这也是它的一大缺点。

　　这个看不见的部分便是"表外"部分，也就是那些没能写在资产负债表里的交易。在本章，我们通过讨论品牌效应这一被置于表外的要素，来指出会计思维的局限性。

　　这里我们主要从市场营销的观点，将一些看不见的东西挖掘出来。会计中对数字的"算计"和市场营销中对购买欲的"算计"，这两种"算计"都是很重要的。

　　然后还有一个很重要的角度，那就是**创新**。

　　"现代管理学之父"彼得·德鲁克对管理的功能有过如下描述：

　　　　企业的目的是创造客户，所以企业有两大基本功能，即市场营销与创新。这两大功能才是创业者的功能。

　　想要创造客户，除了市场营销，创新也必不可少。而就会计而言，创新这个要素一般都被划归表外。

　　例如，能够发明新技术的优秀员工，或经验丰富的资深员工，或公司内部积累的独门技术，这些都不会写入资产负债表。这些因素和市场营销的顾客基础一样，在会计上都是容易被忽视的对象。

会计学的视角会将这两大重要的功能排除在外。所以不难想象，仅靠会计思维来做判断必然会犯下大错。

但是反过来，如果完全不从会计视角考虑问题，单纯做市场营销或大搞创新，必然也是很危险的。

对我们而言，客户是谁？需要怎样的市场营销手段？该开展怎样的创新？时刻牢记这些被排除在会计报表之外的要素，不断发挥会计知识的长处，才是必胜的王道。

出版后记

你是否有过盲目购物的经历？是否每个月底也看着空荡荡的钱包默默流泪？是否也曾痛下决心想要认真记账却又不了了之？相信作为普通工薪阶层的我们，或许每个月都会经历这样的死循环。与其忆往昔、冲动消费、悔不当初，不如拿起账本捍卫我们的每一分钱。我们迫切需要一种方法，能够解救我们于浪费的苦海之中。而这种方法正是本书作者想要向大家传达的重点之一。

提起本书作者，相信一定有许多读者朋友读过《整理的艺术》这一系列书籍。本书作者之一正是整理狂人的小山龙介。在这本书中，我们可以了解到他不仅在生活中是一位整理狂人，对于会计学也有着很独到的见解；也可以看到作者是如何将"会计学的艺术"和"家庭理财"这二者相结合，打造完美的理财方法。

另一位作者山田真哉，曾在大学毕业后进入理想公司任职，入职不久却注意到该公司业绩惨跌，当时他并不懂会计，据此判断公司陷入经营危机，三个月后即毅然决定辞职。但是当时该公司在进行人事变动，不久即恢复优良的经营业绩。这一经历让他意识到了会计的重要性，并从此致力于推广正确的会计学理念。

本书正是将会计的思维方式完美融合到家庭理财中，从购物小票的整理到制作"浪费清单",再到分类使用信用卡,这些都是在生活中易于实践的"整理小技巧"。而如何利用资产负债表做好家庭理财,以及如何避免资不抵债的情况等内容,则是从会计学出发,让读者们不仅能够更好地管理生活中的支出,更能运用会计学的知识看待自我投资等,从大局出发成功看清事物的本质。由此可见,从记账方法到人生规划,会计的思维方式其实渗透到了我们生活中的方方面面。

月底将至,请拿起这本书,捍卫钱包的最后一块阵地。

服务热线:133-6631-2326　188-1142-1266

服务信箱:reader@hinabook.com

后浪出版公司

2016 年 10 月

图书在版编目（CIP）数据

如何有效管理每一分钱：用会计思维增值你的财富 /（日）小山龙介,（日）山田真哉著；阿修菌译 . -- 南昌：江西人民出版社，2016.12

ISBN 978-7-210-08775-5

Ⅰ . ①如… Ⅱ . ①小… ②山… ③阿… Ⅲ . ①家庭财产—财务管理 Ⅳ . ① TS976.15

中国版本图书馆 CIP 数据核字（2016）第 216552 号

KAIKEI HACKS!
by Ryusuke Koyama，Shinya Yamada
Copyright © 2010 Ryusuke Koyama，Shinya Yamada
All rights reserved
Originally published in Japan by TOYO KEIZAI INC.
Chinese (in simplified character only) translation rights arranged with
TOYO KEIZAI INC.，Japan
through THE SAKAI AGENCY

版权登记号：14-2016-0269

如何有效管理每一分钱

作者：[日]小山龙介、[日]山田真哉
译者：阿修菌　责任编辑：王　华
出版发行　江西人民出版社　印刷　北京京都六环印刷厂
690 毫米 ×960 毫米　1/16　15.5 印张　字数 185 千字
2016 年 12 月第 1 版　2016 年 12 月第 1 次印刷
ISBN 978-7-210-08775-5
定价：38.00 元
赣版权登字 -01-2016-551

后浪出版咨询（北京）有限责任公司　常年法律顾问：北京大成律师事务所
周天晖　copyright@hinabook.com
未经许可，不得以任何方式复制或抄袭本书部分或全部内容
版权所有，侵权必究
如有质量问题，请寄回印厂调换。联系电话：010-64010019

《整理的艺术》

作　　者：（日）小山龙介
译　　者：周　洁
书　　号：978-7-5100-3809-9/C·167
出版时间：2012.3
定　　价：28.00元

整出高效率，整出好生活

内容简介

　　紧张的工作、铺天盖地的信息、可怕的惰性容易使人陷入混乱，丧失热情和创造力。如果不做整理，生活就会变得一团糟。但在瞬息万变的时代，传统的整理方法早已过时。现在，不仅资料需要整理，环境、信息、生活、思维、人脉也需要整理。企业和个人也只有养成整理的习惯，转变思维、调整经营方式和成功模式，才能化被动为主动，获得成功。

　　本书直入正题，以亲切幽默的方式传授了90种简明实用的整理术，教读者通过建立秩序、活用新锐软件和尖端数码产品等手段摆脱混乱，从而获得更高的效率、更多的创意和更好的生活。

　　作者以其经验证明，玩转整理并非难事，翻开这本书你就会知道

《整理的艺术 2：时间是整理出来的》

著　　者：（日）小山龙介
译　　者：阿修菌
书　　号：978-7-5100-6010-6
出版时间：2013.7
定　　价：29.80

89 个时间整理魔法，为你变幻出一个更惬意、更从容的人生

内容简介

　　没干什么事一天就过去了？工作任务完不成天天加班？熬夜不够睡整天挂着熊猫眼？想做的事一天拖一天总也干不完？别再抱怨时间不够用了，且看日本职场达人小山龙介教你最先进的"时间整理术"，帮你赶走偷偷吃掉时间的小怪物，让你从被时间追逐的"菜鸟"迅速变身运筹帷幄的"时间整理达人"！

　　本书用最简单易懂的方式教你掌控"时间"这一最宝贵的人生资源，它既从细节上教你整理零散的时间碎片，又从宏观上帮你规划人生的时间蓝图；它不仅能让你学会整理时间，更能帮你找回人生目标。读过本书你会发现，原来只需做出一点点的改变，就能让整个生活焕然一新。让我们跟随作者的指引，告别时间的混乱，扫清人生的疲惫，每一天都清清爽爽，活力十足！

《整理的艺术 3：创意是整理出来的》

著　　者：（日）小山龙介　原尻淳一
译　　者：阿修菌
书　　号：978-7-5100-6104-2
出版时间：2013.11
定　　价：29.80 元

**89 个创意妙招帮你捕捉灵感瞬间·突破职业瓶颈·激活创意潜能
让你随时随地，创意爆棚！**

内容简介

　　你想突破工作、学习的瓶颈期吗？你想改变低迷的现状吗？你想给单调的生活注入新的活力吗？那就跟随创意实践狂小山龙介一起，用创意点亮生活吧！

　　好创意并非可遇而不可求，小山龙介在本书中以亲切幽默的方式向读者传授了 89 个引爆创意的小窍门。喝咖啡、散步、洗澡……在作者眼中，生活中再平凡不过的小事都可以变幻成开启创意大门的金钥匙。点燃创意，原来如此简单。本书是一本极其简单实用的创意行动手册，广告人和创意工作者可以通过阅读本书轻松摆脱思维瓶颈，每个怀揣梦想的普通人也可以通过本书所授的创意妙招打开大脑，走向特立独行的精彩人生。